华中地区生物资源系列丛书

赤壁市湿地
本底资源调查报告

主　编　刘　虹　宋东波　蔡贤壁
副主编　项艳阶　易丽莎　詹　鹏
编　委　（排名不分先后）
　　　　覃　瑞　兰德庆　陈喜棠　兰进茂
　　　　向妮艳　陆归华　马义谙　田丹丹
　　　　肖　锦　刘秋宇　江雄波　张晓伟
　　　　洪　波　郑　敏

华中科技大学出版社
http://press.hust.edu.cn
中国·武汉

内容简介

　　本书在对湖北省赤壁市黄盖湖、陆水湖、西凉湖三大湿地开展生物多样性综合科学考察的基础上，统计了赤壁市湿地内植物多样性和动物多样性的本底资源，并对相关群落特征进行了分析，为黄盖湖湿地公园未来规划建设和生态保护提供了第一手资料。同时，本书根据湿地生态保护和赤壁市湿地发展需求，以黄盖湖为例，对湿地公园现有景观组成和文化特征进行了阐述，初步明确了黄盖湖湿地公园生态规划的目标和功能定位，确立了公园的分区模式，为更好地保护黄盖湖湿地及其周边的生态环境，也为进一步加强湿地生态保护和修复管理等提供了科学依据。

图书在版编目（CIP）数据

赤壁市湿地本底资源调查报告 / 刘虹，宋东波，蔡贤壁主编 . — 武汉：华中科技大学出版社，2024.9
ISBN 978-7-5772-0431-4

Ⅰ．①赤⋯　Ⅱ．①刘⋯　②宋⋯　③蔡⋯　Ⅲ．①沼泽化地—公园—生物多样性—调查报告—赤壁市　Ⅳ．① P942.634.78　② Q16

中国国家版本馆CIP数据核字(2024)第098345号

赤壁市湿地本底资源调查报告　　　　　　　　　　　　　刘虹　宋东波　蔡贤壁　主编
Chibi Shi Shidi Bendi Ziyuan Diaocha Baogao

策划编辑：罗 伟		责任编辑：罗 伟	
封面设计：廖亚萍		责任校对：阮 敏	
责任监印：周治超			

出版发行：华中科技大学出版社（中国·武汉）　　电话：(027)81321913
　　　　　武汉市东湖新技术开发区华工科技园　　邮编：430223

录　　排：华中科技大学惠友文印中心
印　　刷：湖北金港彩印有限公司
开　　本：787mm×1092mm　1/16
印　　张：12.5
字　　数：206千字
版　　次：2024年9月第1版第1次印刷
定　　价：128.00元

本书若有印装质量问题，请向出版社营销中心调换
全国免费服务热线：400-6679-118　竭诚为您服务
版权所有　侵权必究

前言

　　湿地是自然界中极富生物多样性的生态系统和人类重要的生存环境之一，具有涵养水源、调蓄洪水、调节气候、净化水体、保护生物多样性等多种生态功能，被誉为"地球之肾"。湿地与人类的生存、繁衍、发展息息相关，是人类发展和社会进步的环境及物质基础，湿地生态系统的稳定和健康是区域生态安全与经济可持续发展的重要保障。

　　赤壁市地处湖北省东南部，湿地资源十分丰富，全市共有大小河流23条，全长约327.2千米，水域面积约277平方千米。目前赤壁市已纳入国家和地方的重点保护湿地面积为83.11平方千米，分别为陆水湖国家湿地公园、黄盖湖湿地（省级）和西凉湖湿地（县级）。陆水湖国家湿地公园为大型库塘型湿地，属于低山丘陵地形，同时也是国家重点风景名胜区、国家AAAA级景区、湖北省生态文明教育基地。西凉湖是长江一级支流上的重要湖泊，位于赤壁市东北部，因位于梁子湖之西而得名。黄盖湖是赤壁市的典型湿地类型，地处长江中游南岸，位于湘、鄂两省交界处，是洞庭湖和长江之间的通江型重要天然湖泊湿地，因三国东吴老将黄盖在此操练水军而得名。黄盖湖属于洞庭湖水系，在长江中下游湖泊中具有较强的代表性和典型性。黄盖湖距赤壁城区约35千米，距赤壁古战场约9千米，黄盖湖通过一条长约12千米的鸭棚口河与长江直接相连，区位优势非常明显。

　　近年来，随着社会经济的快速发展，湖泊湿地受到人为活动等干扰严重，湿地的保护和地方发展的矛盾不断突出。湿地生态系统的完整性及其健康状态，不仅受湿地系统本身的生物多样性、人为干扰及保护、修复力度等的影响，在很大程度上还受到周边区域社会经济活动和生活、生产方式的影响。2022年初，为了更好地保护赤壁市的湿地及其周边的生态环境，保护水源区水质，加强生态文明建设，湖北赤壁陆水湖国家湿地公园管理处委托中南民族大学和湖北生态工程职业技术学院，对以黄盖湖为主的湿地的自然地理、动物资源（特别是鸟类资源）、植物资源、景观文化等展开了综合科学考察。本次考察，共记录到赤壁市湿地有国家Ⅰ级重点保护野生动物3种（白鹤、黑鹳、白颈长尾雉），有国家Ⅱ级重点保护野生动物35种（小天鹅、白琵鹭、鸿雁等）。赤壁市湿地植物资源丰富，有维管束植物139科422属705种。此外，本书对黄盖湖湿地内的鸟类和植物多样性及其受威胁现状进行了调查研究，为了更好地保护黄盖湖湿地及其周边的生态环境，本书对未来黄盖湖湿地保护途径及黄盖湖湿地公园的规划进行了初步阐述和分析，为进一步加强黄盖湖湿地生态系统的保护和未来生态修复与管理等提供了科学依据。

  本书在前人研究成果及文献基础上，主要依据本次赤壁市湿地本底资源综合科学考察的成果撰写而成。由于时间紧、任务重，全书难免有疏漏之处，敬请指正。

刘　虹

目录

第1章　赤壁市湿地介绍

1.1 赤壁市湿地概述 1

1.2 黄盖湖湿地 2

    1.2.1　地理位置 2

    1.2.2　历史沿革 5

    1.2.3　地质地貌 6

    1.2.4　水文气候 7

    1.2.5　自然资源 8

1.3 陆水湖湿地 14

    1.3.1　地理位置 14

    1.3.2　历史沿革 15

    1.3.3　地质地貌 16

    1.3.4　水文气候 16

    1.3.5　自然资源 16

1.4 西凉湖湿地 21

    1.4.1　地理位置 21

    1.4.2　历史沿革 22

    1.4.3　地质地貌 22

  1.4.4 水文气候 23

  1.4.5 自然资源 23

第 2 章 赤壁市湿地植物多样性

2.1 浮游植物 31

  2.1.1 物种多样性 31

  2.1.2 密度和生物量 32

2.2 维管束植物 34

2.3 植被类型 67

  2.3.1 湿地植被类型 68

  2.3.2 丘岗地植被类型 70

2.4 植被分述 70

2.5 国家重点保护野生植物 104

第 3 章 赤壁市湿地动物多样性

3.1 浮游动物多样性 105

  3.1.1 浮游动物组成 105

  3.1.2 密度和生物量 107

3.2 底栖动物多样性 108

  3.2.1 物种多样性 108

  3.2.2 密度和生物量 109

3.3 鱼类多样性 110

3.4 两栖类多样性 112

3.5 爬行类多样性 113

3.6 鸟类多样性 116
3.6.1 鸟类物种组成 116
3.6.2 鸟类生态类型 130
3.6.3 国家重点保护鸟类 131

3.7 兽类多样性 147

3.8 国家重点保护野生动物 149

第4章 以黄盖湖为例的湿地景观资源及建设

4.1 黄盖湖湿地景观 153
4.1.1 河流湿地景观 157
4.1.2 沼泽风光 162
4.1.3 湿地鸟类 163

4.2 黄盖湖人文景观 164

4.3 黄盖湖湿地文化资源 169
4.3.1 黄盖湖与三国文化 169
4.3.2 黄盖湖周边地名与三国文化 172
4.3.3 黄盖湖与当地特色文化 182

4.4 黄盖湖湿地公园建设 183
4.4.1 黄盖湖湿地公园规划面积 183
4.4.2 黄盖湖湿地公园功能区划分 187
4.4.3 湿地公园定位与建设目标 189

第1章

赤壁市湿地介绍

1.1 赤壁市湿地概述

赤壁市隶属湖北省咸宁市，地处湖北省东南部，长江中游的南岸，为幕阜低山丘陵与江汉平原的接壤地带。赤壁北倚省会武汉，南临湘北重镇岳阳，素有"湖北南大门"之称，为武汉城市圈重要组成部分。赤壁古称蒲圻，缘起于三国东吴黄武二年设置蒲圻县，因湖多盛产蒲草（古时编织蒲团的材料）形成集市而得名。1986年5月，经国务院批准，蒲圻县撤县设市，由咸宁市代管。1998年6月，更名为赤壁市。

赤壁市境内水域广袤，河流水系发达，湿地资源十分丰富。赤壁市境内有陆水、蟠河、汀泗河3条主要河流纵贯全境，构成陆水湖、黄盖湖、西凉湖三大水系，三者流域总面积达4500平方千米。长江过境江段全长24.69千米，平均年过境水量6409亿立方米。全市共有大小河流23条，全长327.2千米，水域面积277平方千米；有陆水、双石、黄沙等大中型水库4座，小型水库182座，蓄水量达37.5亿立方米。根据2021年湖北省第三次国土调查主要数据公报，赤壁市全市湿地类型包括四类，即河流湿地、湖泊湿地、人工湿地、沼泽湿地，占全国湿地五大类型的百分之八十，总面积达208.76平方千米（仅统计面积8平方千米以上的水域和长度5千米以上河流），全市湿地率达12.1%，主要分类和水域面积如下。

（1）河流湿地：41.35平方千米，其中含永久性河流25.87平方千米、洪泛平原湿地0.90平方千米、输水河14.58平方千米。

（2）湖泊湿地：81.60平方千米，均为永久性淡水湖。

（3）人工湿地：93.42平方千米，其中含库塘72.35平方千米、水产养殖场11.07平方千米、输水河7.89平方千米。

（4）沼泽湿地：3.29 平方千米，主要为草本沼泽。

目前，赤壁市已纳入国家和地方重点保护的湿地面积达 83.11 平方千米，分别为陆水湖国家湿地公园、黄盖湖湿地（省级）、西凉湖湿地（县级）。下面将逐一介绍赤壁市的重点湿地。

1.2 黄盖湖湿地

1.2.1 地理位置

黄盖湖湿地处于长江中游南岸，位于湘、鄂两省交界处，是洞庭湖和长江之间的重要湿地，地理坐标为东经113°29′48″～113°36′40″，北纬29°37′00″～29°46′12″，水域中心地理位置为东经113°33′，北纬29°43′。黄盖湖位于湖北省赤壁市西北，湖南省临湘市的东北角，距赤壁县城35千米，属湘鄂两省天然边界。黄盖湖水体西、南部近 2/3 区域属湖南省临湘市管辖，涉及黄盖镇、聂市镇、坦渡镇、江南镇、羊楼司镇等乡镇。黄盖湖水体北、东部 1/3 区域属湖北省赤壁市管辖，涉及黄盖湖镇、沧湖开发区、余家桥乡、新店镇、赵李桥镇 5 个乡镇。黄盖湖水域湖北湖南交界处，其流域面积 1538 平方千米，其中临湘市即湖南省黄盖湖流域面积 1106 平方千米，赤壁市即湖北省黄盖湖流域面积 432 平方千米。临湘市境内河流众多，桃林河、坦渡河、源潭河蜿蜒向北注入赤壁市黄盖湖，通过鸭棚河汇集到长江。赤壁市黄盖湖水域面积约 70 平方千米，湿地总面积 107.8 平方千米。以下提到的湖北省赤壁市黄盖湖湿地均简称为黄盖湖。

赤壁市黄盖湖湿地位于赤壁市余家桥乡和黄盖湖镇。余家桥乡位于赤壁市西南，东经133°32′至133°40′，北纬29°40′至29°47′。地处湘鄂两省、临（湘）赤（壁）两市交界处，为三国赤壁古战场的一部分，东倚幕阜山余脉，与新店镇、车埠镇接壤，南眺逶迤皤河，与临湘市一衣带水，西陲黄盖湖畔，与赤壁镇、黄盖湖镇、湘北相连，北连长江天堑，与洪湖市相望。乡政府驻地为余家桥街道，距区40千米，相传明代有余氏在此筹建青石拱桥而得名。全乡下辖 9 个行政村，65 个村民小组，全乡 4102 户，总人口 17348 人，其中，农村人口 15021 人，劳动力 9125 人，民族以汉

第1章 赤壁市湿地介绍

黄盖湖水域湖北湖南交界处（引自黄盖之家微信公众号，简称黄盖之家）

族为主。全乡总面积132.6平方千米，耕地面积18.50平方千米，水域53.33平方千米，林地27.25平方千米，森林覆盖率28%。

　　黄盖湖镇建于1959年10月1日，地理坐标为东经113°32′～113°36′，北纬29°45′～29°51′。镇土地范围东抵咸宁，南与湖南临湘接壤，西邻洪湖，北界至赤壁古战场等。全镇总人口8996人，总户数为2795户。1959年10月，成立湖北省国营黄盖湖农场，属孝感地区，农场成立后，直至1993年3月，历来属农垦部门和县（市）双重领导：1964年以前，属孝感专署农垦局所辖；1965年后，归咸宁地区农垦局所管，明确为副县级政企合一单位；1993年3月咸宁地区再次明确黄盖湖农场为咸宁地区农垦管理局所属副县级单位。2002年2月咸宁市在对国有企业进行综合改革的过程中，将黄盖湖农场移交赤壁市管理。2004年12月由赤壁市委、市政府批准，设立赤壁市黄盖湖管理区，与黄盖湖农场实行"两块牌子，一套班子"的管理运作模式。2007年11月29日，经湖北省人民政府批准，成立"黄盖湖镇人民政府"，保留国有镇建制。同时，赤壁市取消"黄盖湖管理区"名称，对黄盖湖镇按照三类乡镇标准设置机构、核定人员编制，实行"一套班子、两块牌子"的管理模式，隶属咸宁市、赤壁市管理单位。

第1章 赤壁市湿地介绍

目前，黄盖湖镇辖 1 个社区、5 个行政村，镇人民政府驻黄盖社区。黄盖湖镇总面积 20.4 平方千米，其中耕地面积 14800 亩；黄盖湖镇是三级单位，现有在编干部 27 人，非农工 4477 人，农工 4519 人，以汉族为主。

黄盖湖属于洞庭湖水系，是长江沿江重要的集水型湖泊，是湖北省通江型的天然湖泊，在长江中下游湖泊中具有较强的代表性和典型性。黄盖湖距赤壁县城 35 千米，距 AAAAA 级风景区赤壁古战场约 9 千米。它背靠幕阜山脉群峰，湖水由一条约 12 千米的河流即鸭棚口河与长江直接相连，黄盖湖出水口称为太平口，湖水从这里汇入长江。从黄盖湖流域地图和黄盖湖位置图可以看出，太平口河段在这里拐了一个 90° 的弯直入长江。

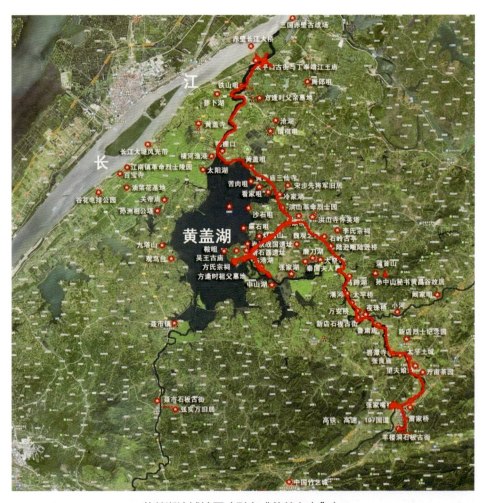

黄盖湖流域地图（引自"黄盖之家"）

第1章 赤壁市湿地介绍

黄盖湖位置示意图（引自"黄盖之家"）

1.2.2 历史沿革

黄盖湖是古洞庭湖云梦泽的一部分，1800多年前，黄盖湖原本称为太平湖，是洞庭湖一大湖汊。黄盖湖水域流向从鸭棚口河经铁山咀在太平口与长江连通，水位随长江水位涨落。东汉建安13年（公元208年）曹操、孙权、刘备，在赤壁进行三分天下的大战，史称赤壁之战。清朝《一统志》记载，赤壁大战后，孙权论功行赏，以此湖赐黄盖，故名黄盖湖。又有清康熙《临湘县志》记载："黄盖湖，县东九十里，会蒲圻、嘉鱼、临湘三县水，汇为巨浸。相传赤壁鏖兵时，黄盖被箭沉江，后论功，孙权以此湖赐，盖故名。"这是黄盖湖名字的最初来源。赤壁大战时，黄盖为东吴水军主将，建议火攻，带领满载薪草、灌有膏油的船只数十艘以"苦肉计"诈降曹操，乘机纵火，大破曹军。赤壁之战后，孙权论功行赏，以此湖赐黄盖，并将湖改名为黄盖湖。光阴的洗礼与日月的变迁，并未完全磨灭那些悲壮的过往，至今黄盖湖周边还保留着黄盖府、黄盖寺、黄盖墓、司鼓台、点将台等历史遗迹，似乎随时都在提醒后人们记住这里的那段烽烟往事。

黄盖湖流域跨越湖北、湖南两省，属洞庭湖水系。黄盖湖水域面积约70平方千米，湿地总面积107.8平方千米。黄盖湖背靠幕阜山脉群峰，湖水由一条位于湖北省内的长约12千米的河流注入长江。黄盖湖在古代战争中，是可攻可守、可进可退的战备要地。黄盖湖与欧亚万里茶道的源头赤壁市羊楼洞石板古街及赤壁三国古战场相连，万里茶道起始段水道是一条古道，相传三国赤壁之战时孙刘联军军事物资源源不断地从这条古河道运往赤壁之战前线，同时明清至民国还有新中国成立初期也是崇阳、赵李桥、新店、聂市茶叶及其他物资不断运送到长江去的一条水道。

赤壁市黄盖湖区共涉及黄盖湖农场和洪山开发区，共有4个行政村，6个生产队。黄盖湖农场地处赤壁市西北，北毗古战场赤壁镇，东与车埠镇接壤，西北与洪湖市隔江相望，南与湖南省临湘市黄盖镇一衣带水。

目前，黄盖湖内垸共有大小堤垸26个，垸堤总长85.1千米，人口近10万人，耕地和养殖面积达29万亩。经过半个世纪的围垦，这里已建设成为基础设施完好、水陆交通便利的鱼米之乡。

1.2.3　地质地貌

由于赤壁市与临湘市位于幕阜山脉隆起、洞庭湖凹陷以及长江断裂带交接处，东南、西北山峦起伏，周边山丘连绵不断，西北江湖交错。幕阜山余脉在区域东南部绵延，突起为高埠，形成临湘市境内最高峰药菇山，向南与罗霄山脉和南岭山脉相连接。区域地势起伏较大，切割深度50～150米，地面高程从临湘市海拔最低点江南谷花洲23米到药菇山最高峰1261.1米，区域以丘陵与岗地为主，北部、西部为长江冲积平原，南部为山地丘陵地貌，地势自西北向东南，呈阶梯状倾斜抬升。

河流及湖泊的机械沉积盛行，形成了深厚的河湖冲积物组成的平坦地面，造就了本区域的平原地貌。其地表开阔平坦、高程较低，海拔高度在 50 米以下，相对高度小于 10 米，坡度小于 10°。因地处洞庭湖边缘，冲积平原土质肥沃，水热条件好，河湖沉积物深厚，湖区周边水系河网密布，为粮、棉、油、渔、水生物重要产区。

黄盖湖属于洞庭湖盆地边缘，形成于燕山运动、延续于喜马拉雅运动断陷盆地。盆地东面为幕阜山隆起，西面为华容隆起。黄盖湖所处大地构造单元为扬子准地台，属于新华夏构造体系，地壳运动相对宁静，构造运动较弱。根据《中国地震动参数区划图》（GB 18306—2015）记录，本地地震动反应谱特征周期为 0.35 秒，地震动峰值加速度为 $0.05g$，相应地震基本烈度为Ⅵ度，属相对稳定地块。湖泊范围内总地势东南高、西北低，周边陆地以低山丘陵地貌为主，纵横相连，但起伏幅度较小。湖泊、平原地区地势平坦。区域内地表水系较为发达，沟渠纵横交错，大小湖泊 10 多处，汇集河流 3 条，流出河流 1 条，池塘数量众多。

1.2.4　水文气候

黄盖湖属于中亚热带向北亚热带过渡的季风湿润气候区，四季分明、夏热冬冷、雨量充沛、热量丰富。年平均无霜期 253.1 天，年平均日照时数 1562.6 小时。

黄盖湖多年平均气温为 17 ℃，除东南部山区较低，平均为 15.8 ℃外，其余地区在 16～17.8 ℃。≥0 ℃的有效日为 300 天，保证率 80%；≥10 ℃的有效日为 228 天，保证率 80%。最冷出现在 1 月（65%）或 2 月（35%），平均温度 4.2 ℃。最热为 7 月，平均气温 28.8 ℃。

黄盖湖属于古云梦泽，洞庭湖盆地边缘，幕阜山余脉，东南山区丘陵临近临湘市暴雨中心，故东南山区丘陵降雨较多，西北平原湖区降雨较少。地貌的具体格局对降水起重要分配作用，从大范围来看，区域属亚热带季风湿润气候区，总降雨量丰富，多年平均降雨量为 1582.5 毫米，地表水资源丰富，地下水主要来自松散堆积层孔隙水，为降水和灌溉回填水所补充且水质分布不一致，采取过滤措施后成为广大群众的主要饮用水源。本区水资源总量主要是地下水、地表水和过境水。黄盖湖区域风向有明显的季节变化，全年多北风或东北风，春季多东北风，夏季以南风为主，秋季多偏北风，冬季以北风为主。

黄盖湖处于洞庭湖区，周边湿度较高，平均相对湿度为85%，春末夏初阴雨连绵，湿度较高，秋季湿度较低，全年1—6月、9月平均湿度较7月、8月，10—12月高。

1.2.5 自然资源

黄盖湖周边有沧湖、冶湖、肖田湖、洋溪湖、小脚湖、涓田湖、东港湖、定子湖、中山湖等10多处大小湖泊。这些湖泊古时均属洞庭湖区，后期由于长江洪泛作用淤积和人为修建堤坝和围堰，空间逐渐相互隔离，最终形成了空间上相互隔离的大小不一的湖泊。

黄盖湖水面宽阔、水深适宜、水质优良、水草丰茂，动植物资源十分丰富。黄盖湖底栖及浮游生物多，菱角、芡实、芦苇等湿地植物广泛分布，属富营养型湖泊。近年来，通过开展周边生境和综合生态环境治理，赤壁市黄盖湖水质有较明显提升。据记载，湖区周边山林鸟类主要有猫头鹰、猴面鹰、黄鹰、斑鸠、喜鹊、山鸡等30多种。湖区主要水鸟有白鹤、白鹭、雁、野鸭等近50种。湖中水产类主要有青鱼、草鱼、鲢鱼、鲤鱼、虾、蟹等100多种。水生植物主要有芦苇、菖蒲、莲、菱、黄丝草、黑藻、大茨藻等上百种。

黄盖湖农场和洪山开发区政府始终坚持绿色环保理念，引导湖区周边人民群众正确开发黄盖湖，科学利用渔业资源，湖区人民群众也都积极自觉地为维护黄盖湖的持续发展、长期利用而努力。

黄盖湖作为湖北省代表性的湿地之一，构建了极其优良而又独具特色的湿地生态系统。如今，在湖北省各级政府和陆水湖国家湿地公园管理处的保护下，这里烟波浩渺、鸥翔鱼跃、柳岸芳堤，美如梦幻。未来，黄盖湖将建成以湿地生态系统保护为核心，集湿地生态景观展示、科普宣教等服务功能和文化底蕴宣传等于一体的综合性示范湿地公园。

第1章 赤壁市湿地介绍

黄盖湖（一）

黄盖湖（二）

第1章 赤壁市湿地介绍

黄盖湖（三）

黄盖湖（四）

黄盖湖（五）

黄盖湖（六）

第1章 赤壁市湿地介绍

黄盖湖（七）

黄盖湖（八）

黄盖湖（九）

黄盖湖（十）

1.3 陆水湖湿地

1.3.1 地理位置

陆水湖湿地即陆水湖国家湿地公园，位于湖北省赤壁市东南部，东经 113°52′37″～114°5′7″、北纬 29°37′48″～29°43′30″，紧邻赤壁市区，是 1958 年国家为修建三峡工程试验坝，在赤壁城区段将陆水河拦腰截断而形成的鄂东南最大的城郊天然与人工复合型湖泊。陆水河发源于湘鄂赣三省交界的通城县幕阜山北麓，穿通城、崇阳、赤壁、嘉鱼经陆溪口入长江，全长 192 千米，流域面积近 4000 平方千米，是湖北省注入长江第四大支流。1800 多年前，三国东吴大将陆逊屯兵河岸操练水师，陆水湖因此而得名，并由此扬名千古。

陆水湖国家湿地公园属于大型库塘型湿地，总面积 125.69 平方千米，其中湿地面积 43.38 平方千米、其他面积 82.31 平方千米。陆水湖国家湿地公园涉及赤壁市 1 个乡镇、2 个办事处及 1 个国有林场，共有 16 个村级单位。

陆水湖湿地公园大门

目前，陆水湖国家湿地公园共分为 3 个功能区，其中保育区面积 42.63 平方千米，占湿地公园总面积的 33.92%；恢复重建区面积 68.36 平方千米，占湿地公园总面积的 54.39%；合理利用区面积 14.70 平方千米，占湿地公园总面积的 11.69%。

1.3.2　历史沿革

1927 年 9 月，中共蒲圻县委、鄂南土地革命委员会在陆水河畔石坑渡成立。

1958 年，经毛泽东主席、周恩来总理批准，在此兴建大型水利水电综合试验坝，即"三峡试验坝"。这是中国水利史上第一次采用大块体预制安装筑坝施工方法的试验，一系列相关技术参数为葛洲坝和三峡水利枢纽工程建设提供了科学依据。陆水水库属大型水库，总库容 7.42 亿立方米，总装机容量 35200 千瓦，年发电量 1.12 亿度，灌溉面积 25.2 万亩，集灌溉、发电、防洪、航运、养殖、供水及旅游、疗养等功能于一体，惠泽流域百万民众。为保护绿色家园，维护生态和谐，赤壁市关闭沿湖工矿企业和餐饮店，扩大湖边及湖内岛屿植被规模，使湖区及周边生态环境得到有效保护。为加强陆水湖管理和建设，国家先后设立长江水利委员会陆水试验枢纽管理局、陆水湖风景区管理委员会、陆水湖国家湿地公园管理处。

2002 年，陆水湖被国务院审定为第四批国家重点风景名胜区（现国家级风景名胜区）。

2008 年，赤壁市政府启动了陆水湖国家湿地公园申报工作。

2009 年 12 月，国家林业和草原局批复陆水湖为国家湿地公园试点建设单位，同年，陆水湖被国家旅游局评定为 AAAA 级旅游景区。

2012 年 3 月，湖北省编委批准设立陆水湖国家湿地公园管理处。

2015 年 12 月，陆水湖国家湿地公园正式通过国家验收。目前陆水湖国家湿地公园已是国家级风景名胜区、国家 AAAA 级旅游景区、湖北省生态文明教育基地。

2022 年 5 月 19 日，中国生物多样性保护与绿色发展基金会（简称"中国绿发会"）以绿会〔2022〕X62 号文件，批准同意湖北赤壁陆水湖国家湿地公园加入中国生物多样性保护与绿色发展基金会生态文明驿站体系，成为中国绿发会第 90 家生态文明驿站，同时也是 2022 年中国绿发会新规范、新标准下的首个"生态文明驿站"。

1.3.3 地质地貌

陆水湖国家湿地公园（又称陆水湖风景区）是幕阜山脉与江汉平原接壤的丘陵地带。陆水湖周边地貌属构造剥蚀低山丘陵地形，南北东三侧群峰环绕、层峦叠嶂，海拔一般在150～500米，最高峰葛仙山海拔642.7米。岩层分布最古老地层为古生界志留纪富池页岩，二叠纪为石灰岩，三叠纪为大冶石灰岩，第四纪地层为红土及冲积层。

陆水湖土壤按中国土壤区划归类，隶属于我国亚热带落叶阔叶与常绿阔叶混交林黄壤土、黄褐土、红壤土地带。景区土壤分布极广，海拔400～600米的山地主要是各种灰岩和一定比例的页岩，夹杂少许砂页石和石灰岩的风化物。海拔50～400米的丘陵地域，主要是第四纪红色黏土和黄壤土，其次是河水的冲积物。土壤共分黄壤土、红壤土、潮土、石灰岩土、紫色土、水稻土6个土类，11个亚类，32个土属，56个土种。偏酸性，pH为4.3～6.8。土壤肥力较强，保水保肥力及供水供肥性能较好，土壤结构和理化性状良好，是较为理想的山地土壤，自然生态条件适应于多种植物的生长。

1.3.4 水文气候

陆水湖湿地属亚热带季风气候，全年日照充足，热量丰富，气候温和，降水适中，雨热同季，四季分明，严寒期短，无霜期长。年平均气温16.8 ℃，年平均日照时数1796.5小时，全年无霜期平均260天。由于风景区范围多为幕阜山麓，同时整体气候适合南北植物生长，森林覆盖率高，湖面较大，形成较好的小气候，适宜开展避暑休养旅游活动。

1.3.5 自然资源

陆水湖国家湿地公园为低山丘陵地形，属亚热带常绿阔叶林带区，四季分明，雨量充沛，气候温和，年平均气温16.8 ℃，年降雨量1604毫米，周边湖岸线长242千米，湖中小岛800余座，是一个名副其实的"千岛湖"，动植物种类繁多，水产丰富，生物多样性特点显著，被专家誉为水陆生物自然种质资源库。

据陆水湖国家湿地公园成立初统计，公园现有维管束植物79科184属242种。其中陆地植物资源品种主要有毛竹、杉木、马尾松、苦槠、栎树、青栲、枫香、化香、山杨、酸枣、樟树、黄檀、合欢、泡桐、枫杨、银杏、板栗、柑橘、桃李、茶叶、猕猴桃、胡枝子、檵木、杜鹃、五节芒、蕨类、白茅等。湿地植物资源品种主要有芦苇、香蒲、菖蒲、黑三棱、水葱、荸荠、各种蔍草莎草、黑藻、金鱼藻、狐尾藻、大小茨藻、各种眼子菜、水鳖、菱角、荇菜、荷花、睡莲、浮萍、紫萍等。

陆水湖植被主要为次生林或人工林，植被群落特点是种类组成丰富，区系成分复杂。整个植被群落可分为三大类型：天然次生林约占风景区森林面积的40%；天然竹林约占景区森林面积的35%；以杉、松为主的人工林，约占森林面积的25%。风景区林木生长茂盛，有明显乔、灌、草层次结构。现存森林植被以竹亚科、壳斗科、松科、杉科、柏科、樟科、胡桃科等常绿树种为主。

良好的地理位置和生态环境为野生动物的生存和发展提供了食物和空间，陆水湖国家湿地公园动物资源主要分为七类，包括常见的浮游动物4类29属37种、底栖动物3门17科35属38种、鱼类4目9科32属37种、两栖类3科3属8种、爬行类2目7科15种、兽类5目7科14种、鸟类14目33科72种（其中国家Ⅱ级重点保护野生动物7种）。

近年来，赤壁市委、市政府高度重视陆水湖的环境和水资源保护，严格按照"全面保护，生态优先，突出重点，合理利用，持续发展"的发展要求，积极开展陆水湖湿地环境综合整治工作，通过一系列管护措施，有效改善了湿地公园生态环境，取得了明显成效。一是加大森林资源管护力度，全面落实生态公益林管护，大力开展封山育林及各项工程造林，积极查处和打击乱砍滥伐、乱捕滥猎行为，有效保护了湿地公园保护范围内的森林资源；二是严格控制湖区岛屿及公园内林地的开发利用，严格禁止各类侵占自然湿地的行为；三是全面禁止污染物排入湿地的行为，严格监控周边的生产企业和楼堂馆所，拆除一批违建设施，整改关停周边大量污染企业；四是合理利用渔业资源，严格实行伏季休渔制度，大力取缔围网养殖、围堤造池养殖行为，严厉打击各类非法捕捞行为；五是加强旅游设施建设与改造，积极整顿旅游环境，有效地改善了湖区环境。如今的陆水湖国家湿地公园水质优良，风景宜人，水更清，山更绿，鱼更多，成为人们休闲度假的绝佳胜地。

陆水湖（一）

陆水湖（二）

第 1 章 赤壁市湿地介绍

陆水湖（三）

陆水湖（四）

第1章 赤壁市湿地介绍

陆水湖（五）

陆水湖（六）

第1章 赤壁市湿地介绍

陆水湖（七）

1.4 西凉湖湿地

1.4.1 地理位置

西凉湖位于湖北省赤壁市东北角，地理位置为东经114°00′～114°10′，北纬29°51′～29°02′。西凉湖东连咸安，西通嘉鱼，南接赤壁，形如一个巨大的"人"字，有撇有捺地大写在三县（市、区）之间。西凉湖通过嘉鱼县金水河直通长江，它是长江一级支流上的重要湖泊，因位于梁子湖之西而得名，故称"西梁湖"，由于"梁"与"凉"谐音，现称"西凉湖"。

西凉湖流域面积827平方千米。在赤壁市境内有汀泗河、泉口河、宋家河等水体注入西凉湖，构成了赤壁市的西凉湖水系。

西凉湖是湖北省第五大湖泊，咸宁市直管第一大湖泊。一般水域面积79.10平方千米，其中属赤壁的水面面积31平方千米。高水位26米时，总面积84.50平方千米，容量 26000 万立方米；中水位 22.5 米时，水域总面积 72.10 平方千米，容量 14000 万立方米；枯水位 20.5 米时，消落圈面积约 12.40 平方千米。

1.4.2 历史沿革

据史书记载，三国东吴黄武二年，即公元 223 年，孙权在西凉湖东岸边的一个小山嘴上，对着一湖青绿的湖水和一岸摇曳的苇草，即景吟出了"蒲草千里，圻上故垒。莼蒲五月，川谷对鸣"的诗句，并将沙羡古邑命名为"蒲圻县"。从此，"蒲圻"这个因西凉湖边数茎苇草而来的县邑名，沿用了近 1800 年。1998 年 6 月 11 日，经国务院批准，蒲圻市更名为赤壁市。

明朝户部主事廖俊，沿着孙权当年游走西凉湖的水陆路径，风雨兼程地来到了柳岸芳堤的西凉湖边，挥如椽巨笔，一气呵成地写下了"南邦遗迹在西良，凫雁依然满石梁。我向浮台洲上立，不胜惆怅对斜阳"的锦绣文字，让这一碧万顷的湖水名气大涨。

1.4.3 地质地貌

西凉湖流域的地质构造地处扬子台坪、大冶台褶带、武汉台褶束金口背斜南翼，以及鄂东隆起带，位于大幕山西部，从属于鄂南西向构造通山槽皱带，由一系列的紧密褶皱组成基本骨架。

西凉湖流域属于鄂东南低山丘陵区向江汉平原东部边缘过渡。地势是南高北低，岭谷平行相间，山丘盆地参差，沿江湖交接，为其地貌特征。西凉湖南部边缘属幕阜山脉，自西南向东北延绵，海拔 1000 米左右。地形地貌以中山和低山丘陵为主，山间沟谷纵横。江汉平原边缘地势平坦，局部有残丘突起，一般海拔 19.3～23.3 米，少数残丘达 50 米。西凉湖流域水系发育良好，水量丰富，以成河谷沉溺湖类为主，横断面呈开阔的"U"字形，汇入西凉湖的大小河流，形成众多大小湖泊与湖汊。

1.4.4 水文气候

西凉湖位于咸安、赤壁、嘉鱼三县（市、区）交界处，属长江中游浅水草型湖泊，典型的亚热带大陆性季风气候，夏热冬冷，四季分明，雨量充沛，气候温和，雨热同期，一月平均气温4 ℃，七月平均气温29.2 ℃；≥ 10 ℃活动积温5345.4 ℃，年平均日照率为42%，年辐射量为每平方厘米105.3千卡；年平均降雨量1508.3毫米，降雨期集中在4—10月份，约占全年降雨量的74%。

由于幕阜山脉面对季风暖湿气流来向和地形高作用，西凉湖流域成为湖北省的多雨和暴雨中心。西凉湖承雨面积827平方千米，接纳咸安区和赤壁市的界河——汀泗河、赤壁市的泉口河与宋家河及北庄河、嘉鱼县的舒桥河等大小河流，多年平均水量6.12亿立方米，湖泊历史最高水位24.52米（1998年）。

西凉湖流域多年平均降水量为1300～1390毫米。其中，夏秋降雨量大，特别是梅雨期多降暴雨、大暴雨，汛期（5—9月）的降雨量在700毫米左右，占全年的50%。最大暴雨量一般出现在6月中下旬至7月中上旬，但丰水年、枯水年之间差别大。如丰水年1954年实测降水量为1890.9毫米，枯水年1966年实测降水量只有774.9毫米。境内多年平均气温16.8～16.9 ℃，极端最高气温39.7 ℃，极端最低气温零下12 ℃，年无霜期259～261天，年均日照时数1524～1945小时。

1.4.5 自然资源

西凉湖区气候温暖湿润，土地肥沃，动植物资源十分丰富。据统计，西凉湖有浮游藻类90种，隶属7门74属。其中：绿藻门43种，占47.7%；硅藻门18种，占20%；蓝藻门15种，占16.67%；金藻门、裸藻门、甲藻门、隐藻门的种类较少，生物量平均值为每升0.621毫克，叶绿素含量平均值为每升3.19毫克。

植被以水生植物为主，高等植物有70种，隶属32科58属。黄丝草、聚草、轮叶黑藻为优势种群。植物主要有蒿笋、芦苇、水葫芦、水浮萍、金鱼藻、苦草、菖蒲、白茅、芡实、莲、菱、黄丝草、轮叶黑藻、菹草、大茨藻等，这些植物为湖区动物生存繁衍提供了丰富的食物来源和栖息地。在西凉湖区周边的平原、丘陵、岗地中，还有着丰富的陆地植物资源。其中，粮油类主要有水稻、小麦、荞麦、黄豆、绿豆、蚕豆、豌豆、红薯、玉米、高粱、油菜、花生、茶油、棉籽油等，经济作物类主要有棉花、芝麻、茶叶、蔬菜等，果类主要有桃、李、梨、柑橘、猕猴桃、葡萄等，用材林类主要有松树、杉树、青冈树、水杉、柏树、檀树、枫树、香椿树、楠竹、水竹等，还有各种杂木上百种。

西凉湖区野生鸟类种类繁多，其中国家级和省级重点保护的水鸟有白鹤、白头鹤、大鸨、彩鹳、大天鹅、小天鹅、灰鹤、白琵鹭、白额雁、小杓鹬、斑嘴鹈鹕、赤麻鸭、灰雁、豆雁、银鸥、水雉、黑水鸡、水画眉、苍鹭、秧鸡、大白鹭、鸥雁、绿头鸭、斑头秋沙鸭、普通秋沙鸭、普通雁鸭等70余种。

西凉湖水深较浅，每到枯水期，湖水面积减小，形成大面积的湖滩、草滩、沼泽湿地和浅水湖泊，大量候鸟来此越冬。湖中水产丰富，有甲鱼、乌龟、河蟹、鳜鱼、财鱼、鳝鱼、虾、青鱼、草鱼、鳙鱼、鲫鱼、鲤鱼等50多种名特优水产品。

西凉湖（一）

第1章 赤壁市湿地介绍

西凉湖（二）

西凉湖（三）

西凉湖（四）

西凉湖（五）

西凉湖（六）

西凉湖（七）

第1章 赤壁市湿地介绍

西凉湖（八）

西凉湖（九）

西凉湖紧邻神山镇镇区，距赤壁市区 20 千米，湖区周边交通条件优越。湖区人民勤劳勇敢，爱护野生动植物积极性高，保护意识强，对西凉湖渔业资源能正确开发、科学利用，西凉湖也以丰厚的回报养育了一代又一代的渔民。近年来，受经济利益驱使，许多人携资来西凉湖区进行开发，主要开展围网养殖，养殖面积不断增大，使整个西凉湖的生态平衡遭受破坏，其湿地功能受到很大影响。建立西凉湖湿地自然保护区，采取切实可行的手段来保护西凉湖湿地已是刻不容缓。

第 2 章

赤壁市湿地植物多样性

2.1 浮 游 植 物

2.1.1 物种多样性

浮游植物即藻类，是湖泊水体的主要初级生产者，它们处于水生生态系统中食物链的底端，是滤食性鱼类和一些水生动物的天然饵料。浮游植物的种类、数量与整个水体的生产力直接相关，但藻类数量的无限增多会导致藻类"水华"的产生，使水体趋于富营养化，从而导致水环境质量下降。

通过对黄盖湖湿地等不同取样地点采集样品的室内分析和鉴定，共检出浮游藻类植物 6 门 51 种（属）。其中硅藻门种类最多，为 22 种（属），占藻类总数的 43.14%；绿藻门 14 种，占 27.45%；蓝藻门 11 种，占 21.57%；裸藻门 2 种，占 3.92%；金藻门 1 种，占 1.96%；甲藻门 1 种，占 1.96%。常见藻类有直链藻（*Melosira* sp.）、针杆藻（*Synedra* sp.）、脆杆藻（*Fragilaria* sp.）。各门藻类种类数及所占比例见表 2-1。

表 2-1 赤壁市湿地藻类种类及比例

	硅藻门	绿藻门	蓝藻门	裸藻门	金藻门	甲藻门	总计
种类数	22	14	11	2	1	1	51
比例	43.14%	27.45%	21.57%	3.92%	1.96%	1.96%	100%

2.1.2 密度和生物量

在野外调查基础上，我们对黄盖湖湿地进行了重点调查，采样点藻类的密度和生物量见表2-2。各采样点平均密度为 199.92×10^4 ind./L，其中硅藻平均密度为 37.43×10^4 ind./L，占总密度的18.72%，蓝藻平均密度为 122.88×10^4 ind./L，占总密度的61.46%，绿藻平均密度为 35.05×10^4 ind./L，占总密度的17.53%。各采样点平均生物量为3.98 mg/L，其中硅藻为0.57 mg/L，占总密度的14.32%，蓝藻为2.18 mg/L，占总密度的54.77%，绿藻为1.17 mg/L，占总密度的29.40%。

表 2-2　黄盖湖湿地采样点浮游植物密度（$\times 10^4$ ind./L）和生物量（mg/L）

采样点	硅藻 密度/($\times 10^4$ ind./L)	硅藻 生物量 (mg/L)	蓝藻 密度/($\times 10^4$ ind./L)	蓝藻 生物量 (mg/L)	绿藻 密度/($\times 10^4$ ind./L)	绿藻 生物量 (mg/L)	其他 密度/($\times 10^4$ ind./L)	其他 生物量 (mg/L)	总计 密度/($\times 10^4$ ind./L)	总计 生物量 (mg/L)
东港湖	12.3	0.19	80.6	0.95	38.8	0.55	0.94	0.01	132.64	1.7
黄盖咀	28.7	0.65	130.2	3.41	49.6	3.44	9.3	0.12	217.8	7.62
苦肉咀	63.2	0.77	137.5	2.15	22.5	0.31	2.5	0.05	225.7	3.28
大堤	45.5	0.65	143.2	2.19	29.3	0.37	5.5	0.07	223.5	3.28
平均	37.43	0.57	122.88	2.18	35.05	1.17	4.56	0.06	199.92	3.98
占比/(%)	18.72	14.32	61.46	54.77	17.53	29.40	2.28	1.51	100	100

湖北省赤壁市湿地浮游植物名录见表2-3。

表 2-3　湖北省赤壁市湿地浮游植物名录

Ⅰ 硅藻门 Bacillariophyta
1. 小环藻 *Cyclotella* sp.
2. 梅尼小环藻 *C. meneghiniana*
3. 直链藻 *Melosira* sp.
4. 颗粒直链藻 *M. granulata*

续表

5. 变异直链藻 *M. varians*
6. 针杆藻 *Synedra* sp.
7. 肘状针杆藻 *Synedra ulna*
8. 尖针杆藻 *Synedra acus*
9. 钝脆杆藻 *Fragilaria capucina*
10. 羽纹脆杆藻 *F. pinnata*
11. 星杆藻 *Asterionella* sp.
12. 等片藻 *Diatoma* sp.
13. 舟形藻 *Navicula* sp.
14. 桥弯藻 *Cymbella* sp.
15. 埃伦桥弯藻 *C. ehrenbergii*
16. 羽纹藻 *Pinnularia* sp.
17. 卵形藻 *Cocconeis* sp.
18. 菱形藻 *Nitzschia* sp.
19. 曲壳藻 *Achnanthes* sp.
20. 布纹藻 *Gyrosigma* sp.
21. 异极藻 *Gomphonema* sp.
22. 双菱藻 *Surirella* sp.
Ⅱ 蓝藻门 Cyanophyta
23. 色球藻 *Chroococcus* sp.
24. 席藻 *Phormidium* sp.
25. 皮状席藻 *P. corium*
26. 集胞藻 *Synechocystis* sp.
27. 微囊藻 *Microcystis* sp.
28. 颤藻 *Oscillatoria* sp.
29. 大螺旋藻 *Spirulina major*
30. 鞘丝藻 *Lyngbya* sp.
31. 假鱼腥藻 *Pseudanabaena* sp.

续表

32. 凯氏鱼腥藻 *Anabaena kisseleviana*
33. 拟指球藻 *Dactylococcopsis* sp.
Ⅲ 绿藻门 Chlorophyta
34. 月牙藻 *Selenastrum* sp.
35. 卵囊藻 *Oocystis* sp.
36. 弓形藻 *Schroederia* sp.
37. 空球藻 *Eudorina elegans*
38. 集星藻 *Actinastrum* sp.
39. 针形纤维藻 *Ankistrodesmus acicularis*
40. 微孢藻 *Microspora* sp.
41. 双星藻 *Zygnema* sp.
42. 细丝藻 *Ulothrix tenerrima*
43. 水绵 *Spirogyra* sp.
44. 单角盘星藻 *Pediastrum simplex*
45. 角星鼓藻 *Staurastrum* sp.
46. 梭形鼓藻 *Netrium* sp.
47. 四尾栅藻 *Scenedesmus quadricauda*
Ⅳ 裸藻门 Euglenophyta
48. 裸藻 *Euglena* sp.
49. 扁裸藻 *Phacus* sp.
Ⅴ 甲藻门 Dinophyta
50. 角甲藻 *Ceratium* sp.
Ⅵ 金藻门 Chrysophyta
51. 长锥形锥囊藻 *Dinobryon bavaricum*

2.2 维管束植物

2021年9月至2022年12月，中南民族大学技术人员对赤壁市黄盖湖、陆水湖和西凉湖湿地的生物多样性现状进行了调查,调查范围为三大湖泊湿地沿岸带、大堤、洲滩、水塘等代表性生境。调查重点主要是考察生长在地表过湿、常年淹水或季节性淹水环境中的湿地植物以及湿地鸟类栖息地,并对水鸟栖息地——水域周边的植被进行了调查。

野生植物调查范围为各自然保护区内的水域、内湖、洲滩、池塘、堤岸、丘岗等地,所以植物种类除湿地植物外,还有相当部分陆生植物(中生、旱中生性植物)。主要统计自然分布种,常见的木本植物栽培种也被列入。据本次调查,赤壁市湿地共记录维管束植物139科422属705种。其中蕨类植物38种,裸子植物12种,被子植物655种;被子植物中,双子叶植物497种,单子叶植物158种。经统计,赤壁市湿地维管束植物705种中,国家Ⅰ级重点保护野生植物无,国家Ⅱ级重点保护野生植物9种;外来入侵植物64种;水生和湿生植物186种。

赤壁市湿地维管束植物类群组成见表2-3。赤壁市湿地维管束植物名录见表2-4。

表2-4 赤壁市湿地维管束植物类群组成

类别	科	属	种	占总种比/(%)
一、蕨类植物	15	25	38	5.39
二、裸子植物	4	10	12	1.70
三、被子植物	120	387	655	92.91
(一)双子叶植物	96	295	497	70.50
(二)单子叶植物	24	92	158	22.41
合计	139	422	705	100

赤壁市湿地维管束植物中草本植物和木本植物比例约为7:3,其中草本占绝对优势。草本植物中的中生性植物占植物总数的43.8%,湿生植物约占22%,水生植物占9.8%。中生性植物多的原因是将湿地周边的丘岗植物统计在内。

赤壁市湿地维管束植物名录见表2-5。

表 2-5　赤壁市湿地维管束植物名录

序号	中文名	学名（含命名人）	科名	国家重点保护野生植物（2021年版）	外来入侵植物（√）	水生和湿生植物（*）
1	凤了蕨	*Coniogramme japonica* (Thunb.) Diels	凤尾蕨科			
2	半边旗	*Pteris semipinnata* L.	凤尾蕨科			
3	井栏边草	*Pteris multifida* Poir.	凤尾蕨科			
4	欧洲凤尾蕨	*Pteris cretica* L.	凤尾蕨科			
5	野雉尾金粉蕨	*Onychium japonicum* (Thunb.) Kunze	凤尾蕨科			
6	粗梗水蕨	*Ceratopteris chingii* Y.H.Yan & Jun H.Yu	凤尾蕨科	Ⅱ级		
7	水蕨	*Ceratopteris thalictroides* (L.) Brongn.	凤尾蕨科	Ⅱ级		
8	铁线蕨	*Adiantum capillus-veneris* L.	凤尾蕨科			
9	海金沙	*Lygodium japonicum* (Thunb.) Sw.	海金沙科			
10	槐叶蘋	*Salvinia natans* (L.) All.	槐叶蘋科		√	
11	满江红	*Azolla pinnata* subsp. *asiatica* R. M. K. Saunders & K. Fowler	槐叶蘋科			
12	光脚金星蕨	*Parathelypteris japonica* (Bak.) Ching	金星蕨科			
13	金星蕨	*Parathelypteris glanduligera* (Kunze) Ching	金星蕨科			
14	渐尖毛蕨	*Cyclosorus acuminatus* (Houtt.) Nakai	金星蕨科			
15	垫状卷柏	*Selaginella pulvinata* (Hook. & Grev.) Maxim.	卷柏科			
16	江南卷柏	*Selaginella moellendorffii* Hieron.	卷柏科			
17	兖州卷柏	*Selaginella involvens* (Sw.) Spring	卷柏科			
18	里白	*Diplopterygium glaucum* (Thunberg ex Houttuyn) Nakai	里白科			
19	芒萁	*Dicranopteris pedata* (Houttuyn) Nakaike	里白科			
20	贯众	*Cyrtomium fortunei* J. Sm.	鳞毛蕨科			
21	黑足鳞毛蕨	*Dryopteris fuscipes* C. Chr.	鳞毛蕨科			
22	阔鳞鳞毛蕨	*Dryopteris championii* (Benth.) C. Chr.	鳞毛蕨科			

续表

序号	中文名	学名（含命名人）	科名	国家重点保护野生植物(2021年版)	外来入侵植物(√)	水生和湿生植物(*)
23	乌蕨	*Odontosoria chinensis* J. Sm.	鳞始蕨科			
24	笔管草	*Equisetum ramosissimum* subsp. *debile* (Roxb. ex Vaucher)Á. Löve & D. Löve	木贼科			
25	节节草	*Equisetum ramosissimum* Desf.	木贼科			
26	问荆	*Equisetum arvense* L.	木贼科			
27	蘋	*Marsilea quadrifolia* L.	蘋科			
28	高大肾蕨	*Nephrolepis exaltata* (L.) Schott	肾蕨科		√	
29	肾蕨	*Nephrolepis cordifolia* (L.) C. Presl	肾蕨科			
30	铁角蕨	*Asplenium trichomanes* L.	铁角蕨科			
31	蕨	*Pteridium aquilinum* var. *latiusculum* (Desv.) Underw. ex A. Heller	碗蕨科			
32	边缘鳞盖蕨	*Microlepia marginata* (Houtt.) C. Chr.	碗蕨科			
33	粗毛鳞盖蕨	*Microlepia strigosa* (Thunb.) C. Presl	碗蕨科			
34	欧洲蕨	*Pteridium aquilinum* (L.) Kuhn	碗蕨科			
35	碗蕨	*Sitobolium zeylanicum* (Sw.) L. A. Triana & Sundue	碗蕨科			
36	细毛碗蕨	*Sitobolium hirsutum* (Sw.) L. A. Triana & Sundue	碗蕨科			
37	狗脊	*Woodwardia japonica* (L. f.) Sm.	乌毛蕨科			
38	紫萁	*Osmunda japonica* Thunb.	紫萁科			
39	侧柏	*Platycladus orientalis* (L.) Franco	柏科			
40	圆柏	*Juniperus chinensis* Roxb.	柏科			
41	日本柳杉	*Cryptomeria japonica* (Thunb. ex L. f.) D. Don	柏科		√	
42	池杉	*Taxodium distichum* var. *imbricarium* (Nuttall) Croom	柏科			
43	杉木	*Cunninghamia lanceolata* (Lamb.) Hook.	柏科			

第 2 章　赤壁市湿地植物多样性

续表

序号	中文名	学名（含命名人）	科名	国家重点保护野生植物(2021年版)	外来入侵植物(√)	水生和湿生植物(*)
44	水杉	*Metasequoia glyptostroboides* Hu & W. C. Cheng	柏科			
45	罗汉松	*Podocarpus macrophyllus* (Thunb.) Sweet	罗汉松科			
46	马尾松	*Pinus massoniana* Lamb.	松科			
47	湿地松	*Pinus elliottii* Engelmann	松科			
48	油松	*Pinus tabuliformis* Carrière	松科			
49	雪松	*Cedrus deodara* (Roxb.) G. Don	松科			
50	银杏	*Ginkgo biloba* L.	银杏科			
51	黄花菜	*Hemerocallis citrina* Baroni	阿福花科			
52	斑地锦草	*Euphorbia maculata* L.	大戟科		√	
53	大戟	*Euphorbia pekinensis* Rupr.	大戟科			
54	飞扬草	*Euphorbia hirta* L.	大戟科		√	
55	湖北大戟	*Euphorbia hylonoma* Hand.-Mazz.	大戟科			
56	乳浆大戟	*Euphorbia esula* L.	大戟科			
57	泽漆	*Euphorbia helioscopia* L.	大戟科			
58	山麻秆	*Alchornea davidii* Franch.	大戟科			
59	铁苋菜	*Acalypha australis* L.	大戟科			
60	乌桕	*Triadica sebifera* (Linnaeus) Small	大戟科			
61	白背叶	*Mallotus apelta* (Lour.) Müll. Arg.	大戟科			
62	杠香藤	*Mallotus repandus* var. *chrysocarpus* (Pamp.)S.M.Hwang	大戟科			
63	野桐	*Mallotus tenuifolius* Pax	大戟科			
64	葎草	*Humulus scandens* (Lour.) Merr.	大麻科			
65	朴树	*Celtis sinensis* Pers.	大麻科			
66	紫弹树	*Celtis biondii* Pamp.	大麻科			

续表

序号	中文名	学名（含命名人）	科名	国家重点保护野生植物（2021年版）	外来入侵植物（√）	水生和湿生植物（*）
67	山油麻	*Trema cannabina* var. *dielsiana* (Hand.-Mazz.)C.J.Chen	大麻科			
68	冬青	*Ilex chinensis* Sims	冬青科			
69	枸骨	*Ilex cornuta* Lindl. & Paxton	冬青科			
70	满树星	*Ilex aculeolata* Nakai	冬青科			
71	草木樨	*Melilotus suaveolens* Ledebour	豆科		√	
72	黄香草木樨	*Melilotus officinalis* Pall.	豆科			
73	白车轴草	*Trifolium repens* L.	豆科		√	
74	红车轴草	*Trifolium pratense* L.	豆科		√	
75	刺槐	*Robinia pseudoacacia* L.	豆科		√	
76	野大豆	*Glycine soja* Siebold & Zucc.	豆科	Ⅱ级		
77	葛	*Pueraria montana* var. *lobata* (Ohwi) Maesen & S. M. Almeida ex Sanjappa & Predeep	豆科			
78	合欢	*Albizia julibrissin* Durazz.	豆科			
79	山槐	*Albizia kalkora* (Roxb.) Prain	豆科			
80	合萌	*Aeschynomene indica* L.	豆科			
81	花榈木	*Ormosia henryi* Hemsl. & E. H. Wilson	豆科	Ⅱ级		
82	大叶胡枝子	*Lespedeza davidii* Franch.	豆科			
83	截叶铁扫帚	*Lespedeza cuneata* (Dum. Cours.) G. Don	豆科			
84	铁马鞭	*Lespedeza pilosa* (Thunb.) Sieb. et Zucc.	豆科			
85	紫云英	*Astragalus sinicus* L.	豆科			
86	黄檀	*Dalbergia hupeana* Hance	豆科			
87	香花鸡血藤	*Callerya dielsiana* (Harms) P. K. Lôc ex Z. Wei & Pedley	豆科			

续表

序号	中文名	学名（含命名人）	科名	国家重点保护野生植物(2021年版)	外来入侵植物（√）	水生和湿生植物（*）
88	鸡眼草	*Kummerowia striata* (Thunb.) Schindl.	豆科			
89	两型豆	*Amphicarpaea edgeworthii* Benth.	豆科			
90	鹿藿	*Rhynchosia volubilis* Lour.	豆科			
91	南苜蓿	*Medicago polymorpha* L.	豆科			
92	小叶细蚂蟥 / 小叶三点金	*Leptodesmia microphyll*a (Thunb.) H. Ohashi & K. Ohashi	豆科			
93	野扁豆	*Dunbaria villosa* (Thunb.) Makino	豆科			
94	广布野豌豆	*Vicia cracca* L.	豆科			
95	救荒野豌豆	*Vicia sativa* L.	豆科			
96	窄叶野豌豆	*Vicia sativa* subsp. *nigra* (L.) Ehrh.	豆科			
97	油麻藤 / 常春油麻藤	*Mucuna sempervirens* Hemsl.	豆科			
98	云实	*Biancaea decapetala* (Roth) O. Deg.	豆科			
99	长柄山蚂蟥	*Hylodesmum podocarpum* (DC.) H. Ohashi & R. R. Mill	豆科			
100	紫藤	*Wisteria sinensis* (Sims) Sweet	豆科			
101	风龙	*Sinomenium acutum* (Thunb.) Rehd. et Wils.	防己科			
102	木防己	*Cocculus orbiculatus* (L.) DC.	防己科			
103	凤仙花	*Impatiens balsamina* L.	凤仙花科			
104	风藤	*Piper kadsura* (Choisy) Ohwi	胡椒科			
105	石南藤	*Piper wallichii* (Miq.) Hand. -Mazz.	胡椒科			
106	枫杨	*Pterocarya stenoptera* C. DC.	胡桃科			
107	化香树	*Platycarya strobilacea* Sieb. & Zucc.	胡桃科			
108	胡颓子	*Elaeagnus pungens* Thunb.	胡颓子科			
109	栝楼	*Trichosanthes kirilowii* Maxim.	葫芦科			

续表

序号	中文名	学名（含命名人）	科名	国家重点保护野生植物(2021年版)	外来入侵植物(√)	水生和湿生植物(*)
110	盒子草	*Actinostemma tenerum* Griff.	葫芦科			
111	木鳖子	*Momordica cochinchinensis* (Lour.) Spreng.	葫芦科			
112	虎耳草	*Saxifraga stolonifera* Meerb.	虎耳草科			
113	红花檵木	*Loropetalum chinense* var. *rubrum* Yieh	金缕梅科			
114	檵木	*Loropetalum chinense* (R. Br.) Oliver	金缕梅科			
115	地耳草	*Hypericum japonicum* Thunb. ex Murray	金丝桃科			*
116	小连翘	*Hypericum erectum* Thunb. ex Murray	金丝桃科			
117	元宝草	*Hypericum sampsonii* Hance	金丝桃科			
118	丝穗金粟兰	*Chloranthus fortunei* (A. Gray) Solms	金粟兰科			
119	银线草	*Chloranthus quadrifolius* (A.Gray) H.Ohba & S.Akiyama	金粟兰科			
120	金鱼藻	*Ceratophyllum demersum* L.	金鱼藻科			*
121	萱	*Viola moupinensis* Franch.	堇菜科			
122	戟叶堇菜	*Viola betonicifolia* J. E. Smith	堇菜科			
123	犁头叶堇菜	*Viola magnifica* C. J. Wang et X. D. Wang	堇菜科			
124	七星莲	*Viola diffusa* Ging.	堇菜科			
125	三角叶堇菜	*Viola triangulifolia* W. Beck.	堇菜科			
126	长萼堇菜	*Viola inconspicua* Blume	堇菜科			
127	紫花地丁	*Viola philippica* Cav.	堇菜科			
128	扁担杆	*Grewia biloba* G. Don	锦葵科			
129	地桃花	*Urena lobata* L.	锦葵科		√	
130	甜麻	*Corchorus aestuans* L.	锦葵科			
131	木芙蓉	*Hibiscus mutabilis* L.	锦葵科			
132	木槿	*Hibiscus syriacus* L.	锦葵科			

第 2 章　赤壁市湿地植物多样性

续表

序号	中文名	学名（含命名人）	科名	国家重点保护野生植物(2021年版)	外来入侵植物(√)	水生和湿生植物(*)
133	野西瓜苗	*Hibiscus trionum* L.	锦葵科		√	
134	苘麻	*Abutilon theophrasti* Medikus	锦葵科		√	*
135	田麻	*Corchoropsis crenata* Siebold & Zuccarini	锦葵科			
136	凹叶景天	*Sedum emarginatum* Migo	景天科			
137	垂盆草	*Sedum sarmentosum* Bunge	景天科			
138	大叶火焰草	*Sedum drymarioides* Hance	景天科			
139	佛甲草	*Sedum lineare* Thunb.	景天科			
140	珠芽景天	*Sedum bulbiferum* Makino	景天科			
141	柯	*Lithocarpus glaber* (Thunb.) Nakai	壳斗科			
142	白栎	*Quercus fabri* Hance	壳斗科			
143	青冈	*Quercus glauca* Thunb.	壳斗科			
144	栓皮栎	*Quercus variabilis* Blume	壳斗科			
145	栗	*Castanea mollissima* Blume	壳斗科			
146	茅栗	*Castanea seguinii* Dode	壳斗科			
147	栲	*Castanopsis fargesii* Franch.	壳斗科			
148	苦槠	*Castanopsis sclerophylla* (Lindl. et Paxton) Schottky	壳斗科			
149	臭椿	*Ailanthus altissima* (Mill.) Swingle	苦木科			
150	喜树	*Camptotheca acuminata* Decne.	蓝果树科			
151	莲	*Nelumbo nucifera* Gaertn.	莲科			*
152	楝	*Melia azedarach* L.	楝科			
153	香椿	*Toona sinensis* (A. Juss.) Roem.	楝科			
154	萹蓄	*Polygonum aviculare* L.	蓼科			
155	习见萹蓄	*Polygonum plebeium* R. Br.	蓼科			*

续表

序号	中文名	学名（含命名人）	科名	国家重点保护野生植物（2021年版）	外来入侵植物（√）	水生和湿生植物（*）
156	何首乌	*Pleuropterus multiflorus* (Thunb.) Nakai	蓼科			
157	虎杖	*Reynoutria japonica* Houtt.	蓼科			
158	丛枝蓼	*Persicaria posumbu* (Buch.-Ham. ex D. Don) H. Gross	蓼科			
159	红蓼	*Persicaria orientalis* (L.) Spach	蓼科			
160	箭头蓼	*Persicaria sagittata* (Linnaeus) H. Gross	蓼科			
161	扛板归	*Persicaria perfoliata* (L.) H. Gross	蓼科			
162	蓼子草	*Persicaria criopolitana* (Hance) Migo	蓼科			*
163	绵毛酸模叶蓼	*Persicaria lapathifolia* var. *salicifolia* (Sibth.) Miyabe	蓼科			
164	尼泊尔蓼	*Persicaria nepalensis* (Meisn.) H. Gross	蓼科			
165	水蓼	*Persicaria hydropiper* (L.) Spach	蓼科			*
166	酸模叶蓼	*Persicaria lapathifolia* (L.) Delarbre	蓼科			*
167	愉悦蓼	*Persicaria jucunda* (Meisn.) Migo	蓼科			*
168	金荞麦	*Fagopyrum dibotrys* (D. Don) Hara	蓼科			
169	齿果酸模	*Rumex dentatus* L.	蓼科			
170	酸模	*Rumex acetosa* L.	蓼科			
171	羊蹄	*Rumex japonicus* Houtt.	蓼科			
172	长刺酸模	*Rumex trisetifer* Stokes	蓼科			
173	假柳叶菜	*Ludwigia epilobioides* Maxim.	柳叶菜科		√	*
174	卵叶丁香蓼	*Ludwigia ovalis* Miq.	柳叶菜科			*
175	水龙	*Ludwigia adscendens* (L.) Hara	柳叶菜科			*
176	柳叶菜	*Epilobium hirsutum* L.	柳叶菜科			
177	长籽柳叶菜	*Epilobium pyrricholophum* Franch. & Savat.	柳叶菜科			*
178	马齿苋	*Portulaca oleracea* L.	马齿苋科			

续表

序号	中文名	学名（含命名人）	科名	国家重点保护野生植物(2021年版)	外来入侵植物(√)	水生和湿生植物(*)
179	尼泊尔老鹳草	*Geranium nepalense* Sweet	牻牛儿苗科			
180	野老鹳草	*Geranium carolinianum* L.	牻牛儿苗科		√	
181	牻牛儿苗	*Erodium stephanianum* Willd.	牻牛儿苗科			
182	大花还亮草	*Delphinium anthriscifolium* var. *majus* Pamp.	毛茛科			
183	还亮草	*Delphinium anthriscifolium* Hance	毛茛科			
184	茴茴蒜	*Ranunculus chinensis* Bunge	毛茛科			
185	猫爪草	*Ranunculus ternatus* Thunb.	毛茛科			
186	毛茛	*Ranunculus japonicus* Thunb.	毛茛科			
187	石龙芮	*Ranunculus sceleratus* L.	毛茛科		√	
188	扬子毛茛	*Ranunculus sieboldii* Miq.	毛茛科			
189	禺毛茛	*Ranunculus cantoniensis* DC.	毛茛科			
190	尖叶唐松草	*Thalictrum acutifolium* (Hand.-Mazz.) B. Boivin	毛茛科			
191	天葵	*Semiaquilegia adoxoides* (DC.) Makino	毛茛科			
192	威灵仙	*Clematis chinensis* Osbeck	毛茛科			
193	小蓑衣藤	*Clematis gouriana* Roxb. & E. H. Wilson	毛茛科			
194	圆锥铁线莲	*Clematis terniflora* DC.	毛茛科			
195	京梨猕猴桃	*Actinidia callosa* var. *henryi* Maxim.	猕猴桃科			
196	中华猕猴桃	*Actinidia chinensis* Planch.	猕猴桃科	Ⅱ级		
197	荷花木兰	*Magnolia grandiflora* L.	木兰科			
198	玉兰	*Yulania denudata* (Desr.) D. L. Fu	木兰科			
199	紫玉兰	*Yulania liliiflora* (Desr.) D. L. Fu	木兰科			

续表

序号	中文名	学名（含命名人）	科名	国家重点保护野生植物(2021年版)	外来入侵植物(√)	水生和湿生植物(*)
200	葛藟葡萄	*Vitis flexuosa* Thunb.	葡萄科			
201	小叶葡萄	*Vitis sinocinerea* W. T. Wang	葡萄科			
202	蘡薁	*Vitis bryoniifolia* Bunge	葡萄科			
203	白蔹	*Ampelopsis japonica* (Thunb.) Makino	葡萄科			
204	蛇葡萄	*Ampelopsis glandulosa* (Wall.) Momiy.	葡萄科			
205	异叶蛇葡萄	*Ampelopsis glandulosa* var. *heterophylla* (Thunberg) Momiyama	葡萄科			
206	乌蔹莓	*Causonis japonica* (Thunb.) Raf.	葡萄科			
207	南酸枣	*Choerospondias axillaris* (Roxb.) B. L. Burtt & A. W. Hill	漆树科			
208	盐麸木	*Rhus chinensis* Mill.	漆树科			
209	节节菜	*Rotala indica* (Willd.) Koehne	千屈菜科			
210	圆叶节节菜	*Rotala rotundifolia* (Buch. -Ham. ex Roxb.) Koehne	千屈菜科			*
211	欧菱	*Trapa natans* L.	千屈菜科			*
212	细果野菱	*Trapa incisa* Sieb. & Zucc.	千屈菜科	Ⅱ级		*
213	千屈菜	*Lythrum salicaria* L.	千屈菜科			*
214	水苋菜	*Ammannia baccifera* L.	千屈菜科			*
215	紫薇	*Lagerstroemia indica* L.	千屈菜科			
216	地榆	*Sanguisorba officinalis* L.	蔷薇科			
217	豆梨	*Pyrus calleryana* Decne.	蔷薇科			
218	沙梨	*Pyrus pyrifolia* (Burm. F.) Nakai	蔷薇科			
219	龙牙草	*Agrimonia pilosa* Ledeb.	蔷薇科			
220	小花龙牙草	*Agrimonia nipponica* var. *occidentalis* Skalicky	蔷薇科			

续表

序号	中文名	学名（含命名人）	科名	国家重点保护野生植物(2021年版)	外来入侵植物(√)	水生和湿生植物(*)
221	路边青	*Geum aleppicum* Jacq.	蔷薇科			
222	枇杷	*Eriobotrya japonica* (Thunb.) Lindl.	蔷薇科			
223	粉团蔷薇	*Rosa multiflora* var. *cathayensis* Rehd.et Wils.	蔷薇科			
224	金樱子	*Rosa laevigata* Michx.	蔷薇科			
225	毛叶山木香	*Rosa cymosa* var. *puberula* T. T. Yu & T. C. Ku	蔷薇科			
226	软条七蔷薇	*Rosa henryi* Boulenger	蔷薇科			
227	小果蔷薇	*Rosa cymosa* Tratt.	蔷薇科			
228	野蔷薇	*Rosa multiflora* Thunb.	蔷薇科			
229	蛇莓	*Duchesnea indica* (Andr.) Focke	蔷薇科			
230	贵州石楠	*Photinia bodinieri* H. Lév.	蔷薇科			
231	石楠	*Photinia serratifolia* (Desf.) Kalkman	蔷薇科			
232	小叶石楠	*Photinia parvifolia* (E. Pritz.) Schneid.	蔷薇科			
233	翻白草	*Potentilla discolor* Bge.	蔷薇科			
234	三叶委陵菜	*Potentilla freyniana* Bornm.	蔷薇科			
235	蛇含委陵菜	*Potentilla kleiniana* Wight & Arn.	蔷薇科			
236	委陵菜	*Potentilla chinensis* Ser.	蔷薇科			
237	李叶绣线菊	*Spiraea prunifolia* Sieb. & Zucc.	蔷薇科			
238	疏毛绣线菊	*Spiraea hirsuta* (Hemsl.) C. K. Schneid.	蔷薇科			
239	中华绣线菊	*Spiraea chinensis* Maxim.	蔷薇科			
240	插田藨	*Rubus coreanus* Miq.	蔷薇科			
241	高粱藨	*Rubus lambertianus* Ser.	蔷薇科			
242	灰白毛莓	*Rubus tephrodes* Hance	蔷薇科			
243	茅莓	*Rubus parvifolius* L.	蔷薇科			

续表

序号	中文名	学名（含命名人）	科名	国家重点保护野生植物(2021年版)	外来入侵植物(√)	水生和湿生植物(*)
244	蓬蘽	*Rubus hirsutus* Thunb.	蔷薇科			
245	山莓	*Rubus corchorifolius* L. f.	蔷薇科			
246	结香	*Edgeworthia chrysantha* Lindl.	瑞香科			
247	芫花	*Daphne genkwa* Sieb. & Zucc.	瑞香科			
248	蕺菜/鱼腥草	*Houttuynia cordata* Thunb.	三白草科			
249	野胡萝卜	*Daucus carota* L.	伞形科			
250	积雪草	*Centella asiatica* (L.) Urban	伞形科			
251	窃衣	*Torilis scabra* (Thunb.) DC.	伞形科			
252	蛇床	*Cnidium monnieri* (L.) Spreng.	伞形科			
253	水芹	*Oenanthe javanica* (Bl.) DC.	伞形科		√	*
254	细叶旱芹	*Cyclospermum leptophyllum* (Persoon) Sprague ex Britton & P. Wilson	伞形科		√	*
255	鸭儿芹	*Cryptotaenia japonica* Hassk.	伞形科			
256	柘	*Maclura tricuspidata* Carrière	桑科			
257	楮构/小构树	*Broussonetia × kazinoki* Sieb.	桑科			
258	构	*Broussonetia papyrifera* (L.) L'Hér. ex Vent.	桑科			
259	藤构	*Broussonetia kaempferi* Sieb.	桑科			
260	葎草	*Humulus scandens* (Lour.) Merr.	桑科		√	*
261	薜荔	*Ficus pumila* L.	桑科			
262	爬藤榕	*Ficus sarmentosa* var. *impressa* (Champ.) Corner	桑科			
263	异叶榕	*Ficus heteromorpha* Hemsl.	桑科			
264	华桑	*Morus cathayana* Hemsl.	桑科			
265	鸡桑	*Morus australis* Poir.	桑科			

第2章 赤壁市湿地植物多样性

续表

序号	中文名	学名（含命名人）	科名	国家重点保护野生植物（2021年版）	外来入侵植物（√）	水生和湿生植物（*）
266	桑	*Morus alba* L.	桑科			
267	茶	*Camellia sinensis* (L.) O. Ktze.	山茶科			
268	茶梅	*Camellia sasanqua* Thunb.	山茶科			
269	川鄂连蕊茶	*Camellia rosthorniana* Handel-Mazz.	山茶科			
270	尖连蕊茶	*Camellia cuspidata* (Kochs) H. J. Veitch Gard. Chron.	山茶科			
271	油茶	*Camellia oleifera* Abel	山茶科			
272	八角枫	*Alangium chinense* (Lour.) Harms	山茱萸科			
273	瓜木	*Alangium platanifolium* (Sieb. & Zucc.) Harms	山茱萸科			
274	垂序商陆	*Phytolacca americana* L.	商陆科		√	
275	商陆	*Phytolacca acinosa* Roxb.	商陆科			
276	野鸦椿	*Euscaphis japonica* (Thunb. ex Roem. & Schult.) Kanitz	省沽油科			
277	北美独行菜	*Lepidium virginicum* Linnaeus	十字花科		√	*
278	臭荠	*Lepidium didymum* L.	十字花科			
279	风花菜	*Rorippa globosa* (Turcz.) Hayek	十字花科			
280	广州蔊菜	*Rorippa cantoniensis* (Lour.) Ohwi	十字花科			
281	蔊菜	*Rorippa indica* (L.) Hiern	十字花科			
282	沼生蔊菜	*Rorippa palustris* (Linnaeus) Besser	十字花科			*
283	荠	*Capsella bursa-pastoris* (L.) Medik.	十字花科			
284	水田碎米荠	*Cardamine lyrata* Bunge	十字花科			*
285	碎米荠	*Cardamine occulta* Hornem.	十字花科			
286	弯曲碎米荠	*Cardamine flexuosa* With.	十字花科			
287	鹅肠菜	*Stellaria aquatica* (L.) Scop.	石竹科			

续表

序号	中文名	学名（含命名人）	科名	国家重点保护野生植物(2021年版)	外来入侵植物(√)	水生和湿生植物(*)
288	繁缕	*Stellaria media* (L.) Villars	石竹科			
289	雀舌草	*Stellaria alsine* Grimm	石竹科			
290	簇生泉卷耳	*Cerastium fontanum* subsp. *vulgare* (Hartman) Greuter & Burdet	石竹科			
291	球序卷耳	*Cerastium glomeratum* Thuill.	石竹科			
292	漆姑草	*Sagina japonica* (Sw.) Ohwi	石竹科			
293	瞿麦	*Dianthus superbus* L.	石竹科			
294	无心菜	*Arenaria serpyllifolia* L.	石竹科			
295	峨眉鼠刺	*Itea omeiensis* C. K. Schneid.	鼠刺科			
296	长叶冻绿	*Frangula crenata* (Siebold & Zucc.) Miq.	鼠李科			
297	铜钱树	*Paliurus hemsleyanus* Rehder	鼠李科			
298	尾叶雀梅藤	*Sageretia subcaudata* C. K. Schneid.	鼠李科			
299	枳椇	*Hovenia acerba* Lindl.	鼠李科			
300	萍蓬草	*Nuphar pumila* (Timm) De Candolle	睡莲科			*
301	芡	*Euryale ferox* Salisb. ex K. D. Köenig & Sims	睡莲科			*
302	红睡莲	*Nymphaea alba* var. *rubra* Lönnr.	睡莲科			*
303	黄睡莲	*Nymphaea mexicana* Zucc.	睡莲科			*
304	粟米草	*Trigastrotheca stricta* (L.) Thulin	粟米草科			
305	土人参	*Talinum paniculatum* (Jacq.) Gaertn.	土人参科			*
306	南蛇藤	*Celastrus orbiculatus* Thunb.	卫矛科			
307	白杜	*Euonymus maackii* Rupr.	卫矛科			
308	冬青卫矛	*Euonymus japonicus* Thunb.	卫矛科			
309	扶芳藤	*Euonymus fortunei* (Turcz.) Hand.-Mazz.	卫矛科			
310	复羽叶栾	*Koelreuteria bipinnata* Franch.	无患子科			

续表

序号	中文名	学名（含命名人）	科名	国家重点保护野生植物(2021年版)	外来入侵植物(√)	水生和湿生植物(*)
311	茶条槭	Acer tataricum subsp. ginnala (Maximowicz) Wesmael	无患子科			
312	鸡爪槭	Acer palmatum Thunb.	无患子科			
313	三角槭	Acer buergerianum Miq.	无患子科			
314	八角金盘	Fatsia japonica (Thunb.) Decne. & Planch.	五加科			
315	常春藤	Hedera nepalensis var. sinensis (Tobl.) Rehder	五加科		√	
316	黄毛楤木	Aralia chinensis L.	五加科			
317	南美天胡荽	Hydrocotyle verticillata Thunb.	五加科		√	
318	天胡荽	Hydrocotyle sibthorpioides Lam.	五加科			
319	白簕	Eleutherococcus trifoliatus (Linnaeus) S. Y. Hu	五加科			
320	刺五加	Eleutherococcus senticosus (Ruprecht & Maximowicz) Maximowicz	五加科			
321	微毛柃	Eurya hebeclados Ling	五列木科			
322	藜	Chenopodium album L.	苋科			
323	小藜	Chenopodium ficifolium Smith	苋科		√	
324	莲子草	Alternanthera sessilis (L.) R. Br. ex DC.	苋科			*
325	空心莲子草	Alternanthera philoxeroides (Mart.) Griseb.	苋科		√	*
326	土牛膝	Achyranthes aspera L.	苋科			
327	青葙	Celosia argentea L.	苋科		√	
328	地肤	Bassia scoparia (L.) A. J. Scott	苋科			
329	凹头苋	Amaranthus blitum Linnaeus	苋科		√	
330	刺苋	Amaranthus spinosus L.	苋科		√	
331	反枝苋	Amaranthus retroflexus L.	苋科		√	

第2章 赤壁市湿地植物多样性

续表

序号	中文名	学名（含命名人）	科名	国家重点保护野生植物(2021年版)	外来入侵植物(√)	水生和湿生植物(*)
332	皱果苋	*Amaranthus viridis* L.	苋科		√	
333	土荆芥	*Dysphania ambrosioides* (Linnaeus) Mosyakin & Clemants	苋科			
334	南天竹	*Nandina domestica* Thunb.	小檗科			
335	粉绿狐尾藻	*Myriophyllum aquaticum* (Vell.)Verdc.	小二仙草科		√	*
336	穗状狐尾藻	*Myriophyllum spicatum* L.	小二仙草科			*
337	小二仙草	*Gonocarpus micranthus* Thunberg	小二仙草科			*
338	二球悬铃木	*Platanus acerifolia* (Aiton) Willd.	悬铃木科			
339	毛花点草	*Nanocnide lobata* Wedd.	荨麻科			
340	矮冷水花	*Pilea peploides* (Gaudich.) Hook. & Arn.	荨麻科			*
341	糯米团	*Gonostegia hirta* (Bl.) Miq.	荨麻科			*
342	水麻	*Debregeasia orientalis* C. J. Chen	荨麻科			
343	苎麻	*Boehmeria nivea* (L.) Gaudich.	荨麻科			
344	枫香树	*Liquidambar formosana* Hance	蕈树科			
345	垂柳	*Salix babylonica* L.	杨柳科			
346	旱柳	*Salix matsudana* Koidz.	杨柳科			
347	加杨	*Populus × canadensis* Moench	杨柳科			
348	柞木	*Xylosma congesta* (Loureiro) Merrill	杨柳科			
349	白饭树	*Flueggea virosa* (Roxb. ex Willd.) Voigt	叶下珠科			
350	重阳木	*Bischofia polycarpa* (H. Lév.) Airy Shaw	叶下珠科			
351	湖北算盘子	*Glochidion wilsonii* Hutch.	叶下珠科			
352	算盘子	*Glochidion puberum* (L.) Hutch.	叶下珠科			

续表

序号	中文名	学名（含命名人）	科名	国家重点保护野生植物（2021年版）	外来入侵植物（√）	水生和湿生植物（*）
353	青灰叶下珠	*Phyllanthus glaucus* Wall. ex Muell. Arg.	叶下珠科			
354	叶下珠	*Phyllanthus urinaria* L.	叶下珠科			
355	博落回	*Macleaya cordata* (Willd.) R. Br.	罂粟科			
356	黄堇	*Corydalis pallida* (Thunb.) Pers.	罂粟科			
357	刻叶紫堇	*Corydalis incisa* (Thunb.) Pers.	罂粟科			
358	夏天无	*Corydalis decumbens* (Thunb.) Pers.	罂粟科			
359	小花黄堇	*Corydalis racemosa* (Thunb.) Pers.	罂粟科			
360	紫堇	*Corydalis edulis* Maxim.	罂粟科			
361	榔榆	*Ulmus parvifolia* Jacq.	榆科			
362	瓜子金	*Polygala japonica* Houtt.	远志科			
363	远志	*Polygala tenuifolia* Willd.	远志科			
364	柑橘	*Citrus reticulata* Blanco	芸香科			
365	酸橙	*Citrus × aurantium* Siebold & Zucc. ex Engl.	芸香科			
366	柚	*Citrus maxima* (Burm.) Merr.	芸香科			
367	枳	*Citrus trifoliata* L.	芸香科			
368	竹叶花椒	*Zanthoxylum armatum* DC.	芸香科			
369	楝叶吴萸	*Tetradium glabrifolium* (Champion ex Bentham) T. G. Hartley	芸香科			
370	樟	*Camphora officinarum* Nees	樟科			
371	山鸡椒	*Litsea cubeba* (Lour.) Pers.	樟科			
372	山胡椒	*Lindera glauca* (Siebold & Zucc.) Blume	樟科			
373	狭叶山胡椒	*Lindera angustifolia* W. C. Cheng	樟科			
374	紫茉莉	*Mirabilis jalapa* L.	紫茉莉科		√	
375	红花酢浆草	*Oxalis corymbosa* DC.	酢浆草科		√	

续表

序号	中文名	学名（含命名人）	科名	国家重点保护野生植物(2021年版)	外来入侵植物(√)	水生和湿生植物(*)
376	白花龙	*Styrax faberi* Perk.	安息香科			
377	垂珠花	*Styrax dasyanthus* Perk.	安息香科			
378	野茉莉	*Styrax japonicus* Sieb. & Zucc.	安息香科			
379	毛茛叶报春	*Primula ranunculoides* F. H. Chen	报春花科			
380	点地梅	*Androsace umbellata* (Lour.) Merr.	报春花科			
381	杜茎山	*Maesa japonica* (Thunb.) Moritzi	报春花科			
382	矮桃	*Lysimachia clethroides* Duby	报春花科			
383	巴东过路黄	*Lysimachia patungensis* Hand. -Mazz.	报春花科			
384	过路黄	*Lysimachia christinae* Hance	报春花科			*
385	临时救	*Lysimachia congestiflora* Hemsl.	报春花科			
386	小叶珍珠菜	*Lysimachia parvifolia* Franch.	报春花科			
387	泽珍珠菜	*Lysimachia candida* Lindl.	报春花科			*
388	紫金牛	*Ardisia japonica* (Thunberg) Blume	报春花科			
389	茶菱	*Trapella sinensis* Oliv.	车前科			*
390	北美车前	*Plantago virginica* L.	车前科		√	
391	车前	*Plantago asiatica* L.	车前科			
392	平车前	*Plantago depressa* Willd.	车前科			
393	阿拉伯婆婆纳	*Veronica persica* Poir.	车前科		√	
394	婆婆纳	*Veronica polita* Fries	车前科			
395	水苦荬	*Veronica undulata* Wall. ex Jack	车前科			*
396	蚊母草	*Veronica peregrina* L.	车前科			
397	直立婆婆纳	*Veronica arvensis* L.	车前科			
398	石龙尾	*Limnophila sessiliflora* (Vahl) Blume	车前科			*
399	水八角	*Gratiola japonica* Miq.	车前科			*

第 2 章　赤壁市湿地植物多样性

续表

序号	中文名	学名（含命名人）	科名	国家重点保护野生植物(2021年版)	外来入侵植物(√)	水生和湿生植物(*)
400	水马齿	*Callitriche palustris* L.	车前科			*
401	臭牡丹	*Clerodendrum bungei* Steud.	唇形科			
402	大青	*Clerodendrum cyrtophyllum* Turcz.	唇形科			
403	海通	*Clerodendrum mandarinorum* Diels	唇形科			
404	海州常山	*Clerodendrum trichotomum* Thunb.	唇形科			
405	地笋	*Lycopus lucidus* Turcz. ex Benth.	唇形科			
406	风轮菜	*Clinopodium chinense* (Benth.) Kuntze	唇形科			*
407	细风轮菜	*Clinopodium gracile* (Benth.) Matsum.	唇形科			
408	半枝莲	*Scutellaria barbata* D. Don	唇形科			*
409	粗齿黄芩	*Scutellaria grossecrenata* Merr. & Chun ex H. W. Li	唇形科			
410	韩信草	*Scutellaria indica* L.	唇形科			
411	活血丹	*Glechoma longituba* (Nakai) Kupr.	唇形科			*
412	金疮小草	*Ajuga decumbens* Thunb.	唇形科			
413	黄荆	*Vitex negundo* L.	唇形科			
414	牡荆	*Vitex negundo* var. *cannabifolia* (Sieb.& Zucc.) Hand.-Mazz.	唇形科			
415	石荠苎	*Mosla scabra* (Thunb.) C. Y. Wu & H. W. Li	唇形科			*
416	小鱼仙草	*Mosla dianthera* (Buch.-Ham. ex Roxburgh) Maxim.	唇形科			
417	丹参	*Salvia miltiorrhiza* Bunge	唇形科			*
418	荔枝草	*Salvia plebeia* R. Br.	唇形科			*
419	华水苏	*Stachys chinensis* Bunge ex Benth.	唇形科			*
420	水苏	*Stachys japonica* Miq.	唇形科			*
421	夏枯草	*Prunella vulgaris* L.	唇形科			*

续表

序号	中文名	学名（含命名人）	科名	国家重点保护野生植物(2021年版)	外来入侵植物(√)	水生和湿生植物(*)
422	香薷	*Elsholtzia ciliata* (Thunb.) Hyland.	唇形科			*
423	宝盖草	*Lamium amplexicaule* L.	唇形科			
424	益母草	*Leonurus japonicus* Houttuyn	唇形科			
425	兰香草	*Caryopteris incana* (Thunb.) Miq.	唇形科			
426	白棠子树	*Callicarpa dichotoma* (Lour.) K. Koch	唇形科			
427	华紫珠	*Callicarpa cathayana* H. T. Chang	唇形科			
428	紫珠	*Callicarpa bodinieri* H. Lév.	唇形科			
429	杜鹃/映山红	*Rhododendron simsii* Planch.	杜鹃花科			
430	羊踯躅	*Rhododendron molle* (Blum) G. Don	杜鹃花科			
431	南烛	*Vaccinium bracteatum* Thunb.	杜鹃花科			
432	小果珍珠花	*Lyonia ovalifolia* var. *elliptica* (Sieb. & Zucc.) Hand.-Mazz.	杜鹃花科			
433	白前	*Vincetoxicum glaucescens* (Decne.) C. Y. Wu & D. Z. Li	夹竹桃科			
434	华萝藦	*Cynanchum hemsleyanum* (Oliv.) Liede & Khanum	夹竹桃科			
435	牛皮消	*Cynanchum auriculatum* Royle ex Wight	夹竹桃科			
436	夹竹桃	*Nerium oleander* L.	夹竹桃科			
437	络石	*Trachelospermum jasminoides* (Lindl.) Lem.	夹竹桃科			
438	半边莲	*Lobelia chinensis* Lour.	桔梗科			*
439	苍耳	*Xanthium strumarium* L.	菊科		√	*
440	稻槎菜	*Lapsanastrum apogonoides* (Maximowicz) Pak & K. Bremer	菊科			
441	飞廉	*Carduus nutans* L.	菊科			
442	小蓬草	*Erigeron canadensis* L.	菊科		√	

第 2 章　赤壁市湿地植物多样性

续表

序号	中文名	学名（含命名人）	科名	国家重点保护野生植物(2021年版)	外来入侵植物(√)	水生和湿生植物(*)
443	一年蓬	*Erigeron annuus* (L.) Pers.	菊科		√	
444	鬼针草	*Bidens pilosa* L.	菊科		√	
445	狼杷草	*Bidens tripartita* L.	菊科		√	
446	艾	*Artemisia argyi* H. Lév. & Van.	菊科			
447	朝雾草	*Artemisia schmidtiana* Maxim.	菊科			
448	黄花蒿	*Artemisia annua* L.	菊科			
449	蒌蒿	*Artemisia selengensis* Turcz. ex Besser	菊科			
450	青蒿	*Artemisia caruifolia* Buch.-Ham. ex Roxb.	菊科			
451	野艾蒿	*Artemisia lavandulifolia* DC.	菊科			
452	茵陈蒿	*Artemisia capillaris* Thunb.	菊科			
453	黄鹌菜	*Youngia japonica* (L.) DC.	菊科			*
454	藿香蓟	*Ageratum conyzoides* L.	菊科		√	
455	刺儿菜	*Cirsium arvense* var. *integrifolium* Wimm. & Grabowski	菊科			
456	大蓟	*Cirsium spicatum* Matsum.	菊科			
457	野菊	*Chrysanthemum indicum* Linnaeus	菊科			
458	苦苣菜	*Sonchus oleraceus* L.	菊科		√	*
459	苦荬菜	*Ixeris polycephala* Cass. ex DC.	菊科			*
460	鳢肠	*Eclipta prostrata* (L.) L.	菊科			*
461	裸柱菊	*Soliva anthemifolia* (Juss.) R. Br.	菊科			
462	泥胡菜	*Hemisteptia lyrata* (Bunge) Fischer & C. A. Meyer	菊科			*
463	粗毛牛膝菊	*Galinsoga quadriradiata* Ruiz & Pav.	菊科		√	
464	蒲儿根	*Sinosenecio oldhamianus* (Maxim.) B. Nord.	菊科			
465	蒲公英	*Taraxacum mongolicum* Hand.-Mazz.	菊科			

续表

序号	中文名	学名（含命名人）	科名	国家重点保护野生植物(2021年版)	外来入侵植物(√)	水生和湿生植物(*)
466	千里光	*Senecio scandens* Buch.-Ham. ex D. Don	菊科			
467	石胡荽	*Centipeda minima* (L.) A. Br. & Asch.	菊科			
468	鼠曲草	*Pseudognaphalium affine* (D. Don) Anderberg	菊科			
469	天名精	*Carpesium abrotanoides* L.	菊科			
470	杏香兔儿风	*Ainsliaea fragrans* Champ.	菊科			
471	豚草	*Ambrosia artemisiifolia* L.	菊科		√	
472	台湾翅果菊	*Lactuca formosana* Maxim.	菊科			
473	豨莶	*Sigesbeckia orientalis* L.	菊科			
474	腺梗豨莶	*Sigesbeckia pubescens* Makino	菊科			
475	菊芋	*Helianthus tuberosus* L.	菊科			
476	旋覆花	*Inula japonica* Thunb.	菊科			
477	野茼蒿	*Crassocephalum crepidioides* (Benth.) S. Moore	菊科		√	
478	加拿大一枝黄花	*Solidago canadensis* L.	菊科		√	
479	白头婆	*Eupatorium japonicum* Thunb.	菊科		√	
480	马兰	*Aster indicus* L.	菊科			
481	三脉紫菀	*Aster ageratoides* Turcz.	菊科			
482	紫菀	*Aster tataricus* L. f.	菊科			
483	九头狮子草	*Peristrophe japonica* (Thunb.) Bremek.	爵床科			
484	爵床	*Justicia procumbens* L.	爵床科			
485	牛耳朵	*Primulina eburnea* (Hance) Yin Z. Wang	苦苣苔科			
486	黄花狸藻	*Utricularia aurea* Lour.	狸藻科			*
487	狸藻	*Utricularia vulgaris* L.	狸藻科			*

续表

序号	中文名	学名（含命名人）	科名	国家重点保护野生植物(2021年版)	外来入侵植物(√)	水生和湿生植物(*)
488	阴行草	*Siphonostegia chinensis* Benth.	列当科			
489	过江藤	*Phyla nodiflora* (L.) Greene	马鞭草科			*
490	马鞭草	*Verbena officinalis* L.	马鞭草科			
491	陌上菜	*Lindernia procumbens* (Krock.) Borbás	母草科			
492	母草	*Lindernia crustacea* (L.) F. Muell.	母草科			*
493	长蒴母草	*Lindernia anagallis* (Burm. F.) Pennell	母草科			*
494	丹桂	*Osmanthus fragrans* var. *aurantiacus* Makino	木樨科			
495	金桂	*Osmanthus fragrans* var. *thunbergii* Makino	木樨科			
496	木樨	*Osmanthus fragrans* (Thunb.) Lour.	木樨科			
497	银桂	*Osmanthus fragrans* var. *fragrans*	木樨科			
498	女贞	*Ligustrum lucidum* W. T. Aiton	木樨科			
499	白花泡桐	*Paulownia fortunei* (Seem.) Hemsl.	泡桐科			
500	毛泡桐	*Paulownia tomentosa* (Thunb.) Steud.	泡桐科			
501	六月雪	*Serissa japonica* (Thunb.) Thunb.	茜草科			
502	金毛耳草	*Hedyotis chrysotricha* (Palib.) Merr.	茜草科			
503	长节耳草	*Hedyotis uncinella* Hook. & Arn.	茜草科			
504	钩藤	*Uncaria rhynchophylla* (Miq.) Miq. ex Havil.	茜草科			
505	鸡屎藤	*Paederia foetida* L.	茜草科			
506	拉拉藤	*Galium spurium* L.	茜草科			
507	四叶葎	*Galium bungei* Steud.	茜草科			
508	白花蛇舌草	*Scleromitrion diffusum* (Willd.) R. J. Wang	茜草科			
509	细叶水团花	*Adina rubella* Hance	茜草科			
510	栀子	*Gardenia jasminoides* J. Ellis	茜草科			

续表

序号	中文名	学名（含命名人）	科名	国家重点保护野生植物(2021年版)	外来入侵植物(√)	水生和湿生植物(*)
511	枸杞	*Lycium chinense* Miller	茄科			
512	白英	*Solanum lyratum* Thunberg	茄科		√	
513	假酸浆	*Nicandra physalodes* (L.) Gaertner	茄科			
514	龙葵	*Solanum nigrum* L.	茄科			
515	珊瑚樱	*Solanum pseudocapsicum* L.	茄科		√	
516	少花龙葵	*Solanum americanum* Miller	茄科		√	
517	紫少花龙葵	*Solanum photeinocarpum* var. *violaceum* (Chen) C.Y.Wu et S.C.Huang	茄科		√	
518	苦蘵	*Physalis angulata* L.	茄科		√	
519	糯米条	*Abelia chinensis* R. Br.	忍冬科			
520	忍冬	*Lonicera japonica* Thunb.	忍冬科			
521	白檀	*Symplocos tanakana* Nakai	山矾科			
522	山矾	*Symplocos sumuntia* Buch.-Ham. ex D. Don	山矾科			
523	君迁子	*Diospyros lotus* L.	柿科			
524	野柿	*Diospyros kaki* var. *silvestris* Makino	柿科			
525	金银莲花	*Nymphoides indica* (L.) Kuntze	睡菜科			
526	荇菜	*Nymphoides peltata* (S. G. Gmelin) Kuntze	睡菜科			
527	弹刀子菜	*Mazus stachydifolius* (Turcz.) Maxim.	通泉草科			
528	通泉草	*Mazus pumilus* (Burman f.) Steenis	通泉草科			
529	早落通泉草	*Mazus caducifer* Hance	通泉草科			
530	接骨草	*Sambucus javanica* Reniw. ex Blume	五福花科			
531	玄参	*Scrophularia ningpoensis* Hemsl.	玄参科			
532	醉鱼草	*Buddleja lindleyana* Fort.	玄参科			
533	打碗花	*Calystegia hederacea* Wall.	旋花科			

续表

序号	中文名	学名（含命名人）	科名	国家重点保护野生植物(2021年版)	外来入侵植物(√)	水生和湿生植物(*)
534	旋花	*Calystegia sepium* (L.) R. Br.	旋花科			
535	牵牛	*Ipomoea nil* (Linnaeus) Roth	旋花科		√	
536	圆叶牵牛	*Ipomoea purpurea* (L.) Roth	旋花科		√	
537	马蹄金	*Dichondra micrantha* Urban	旋花科			
538	金灯藤	*Cuscuta japonica* Choisy	旋花科		√	
539	南方菟丝子	*Cuscuta australis* R. Br.	旋花科			
540	菟丝子	*Cuscuta chinensis* Lam.	旋花科		√	
541	斑种草	*Bothriospermum chinense* Bge.	紫草科			
542	柔弱斑种草	*Bothriospermum zeylanicum* (J. Jacquin) Druce	紫草科			*
543	钝萼附地菜	*Trigonotis peduncularis* var. *amblyosepala* (Nakai & Kitagawa) W. T. Wang	紫草科			
544	附地菜	*Trigonotis peduncularis* (Trev.) Benth. ex Baker & S. Moore	紫草科			*
545	梓木草	*Lithospermum zollingeri* A. DC.	紫草科			
546	凌霄	*Campsis grandiflora* (Thunb.) Schum.	紫葳科			
547	梓	*Catalpa ovata* G. Don	紫葳科			
548	萱草	*Hemerocallis fulva* (L.) L.	阿福花科			*
549	菝葜	*Smilax china* L.	菝葜科			
550	防己叶菝葜	*Smilax menispermoidea* A. DC.	菝葜科			
551	土茯苓	*Smilax glabra* Roxb.	菝葜科			
552	卷丹	*Lilium lancifolium* Ker Gawl.	百合科			
553	野百合	*Lilium brownii* F. E. Brown ex Miellez	百合科			
554	老鸦瓣	*Amana edulis* (Miq.) Honda	百合科			
555	油点草	*Tricyrtis macropoda* Miq.	百合科			

续表

序号	中文名	学名（含命名人）	科名	国家重点保护野生植物(2021年版)	外来入侵植物（√）	水生和湿生植物(*)
556	菖蒲	*Acorus calamus* L.	菖蒲科			*
557	金钱蒲	*Acorus gramineus* Soland.	菖蒲科			*
558	翅茎灯芯草	*Juncus alatus* Franch. & Sav.	灯芯草科			*
559	灯芯草	*Juncus effusus* L.	灯芯草科			*
560	小灯芯草	*Juncus bufonius* L.	灯芯草科			*
561	野灯芯草	*Juncus setchuensis* Buchen. ex Diels	灯芯草科			*
562	谷精草	*Eriocaulon buergerianum* Körn.	谷精草科			*
563	白茅	*Imperata cylindrica* (L.) P. Beauv.	禾本科			*
564	大白茅	*Imperata cylindrica* var. *major* (Nees) C. E. Hubbard	禾本科			*
565	稗	*Echinochloa crus-galli* (L.) P. Beauv.	禾本科			*
566	无芒稗	*Echinochloa crus-galli* var. *mitis* (Pursh) Petermann	禾本科			*
567	长芒稗	*Echinochloa caudata* Roshev.	禾本科			*
568	棒头草	*Polypogon fugax* Nees ex Steud.	禾本科			*
569	刚竹	*Phyllostachys sulphurea* var. *viridis* R. A. Young	禾本科			
570	桂竹	*Phyllostachys reticulata* (Ruprecht) K. Koch	禾本科			
571	篌竹	*Phyllostachys nidularia* Munro	禾本科			
572	毛竹	*Phyllostachys edulis* (Carrière) J. Houzeau	禾本科			
573	水竹	*Phyllostachys heteroclada* Oliver	禾本科			
574	苏丹草	*Sorghum sudanense* (Piper) Stapf	禾本科			*
575	狗尾草	*Setaria viridis* (L.) P. Beauv.	禾本科			
576	金色狗尾草	*Setaria pumila* (Poiret) Roemer & Schultes	禾本科			*
577	狗牙根	*Cynodon dactylon* (L.) Pers.	禾本科			*

续表

序号	中文名	学名（含命名人）	科名	国家重点保护野生植物（2021年版）	外来入侵植物（√）	水生和湿生植物（*）
578	菰	*Zizania latifolia* (Griseb.) Turcz. ex Stapf	禾本科			*
579	黑麦草	*Lolium perenne* L.	禾本科		√	
580	大画眉草	*Eragrostis cilianensis* (All.) Janch. ex Vignolo-Lutati	禾本科			*
581	乱草	*Eragrostis japonica* (Thunb.) Trin.	禾本科			*
582	小画眉草	*Eragrostis minor* Host	禾本科			*
583	知风草	*Eragrostis ferruginea* (Thunb.) P. Beauv.	禾本科			*
584	假稻	*Leersia japonica* (Makino ex Honda) Honda	禾本科			*
585	中华结缕草	*Zoysia sinica* Hance	禾本科	Ⅱ级		*
586	荩草	*Arthraxon hispidus* (Thunb.) Makino	禾本科			*
587	看麦娘	*Alopecurus aequalis* Sobol.	禾本科			*
588	狼尾草	*Pennisetum alopecuroides* (L.) Spreng.	禾本科			*
589	慈竹	*Bambusa emeiensis* L. C. Chia & H. L. Fung	禾本科			
590	凤尾竹	*Bambusa multiplex* f. *fernleaf* (R. A. Young) T. P. Yi	禾本科			
591	柳叶箬	*Isachne globosa* (Thunb.) Kuntze	禾本科			*
592	芦苇	*Phragmites australis* (Cav.) Trin. ex Steud.	禾本科			*
593	芦竹	*Arundo donax* L.	禾本科		√	*
594	升马唐	*Digitaria ciliaris* (Retz.) Koel.	禾本科			*
595	紫马唐	*Digitaria violascens* Link	禾本科			*
596	芒	*Miscanthus sinensis* Andersson	禾本科			*
597	南荻	*Miscanthus lutarioriparius* L. Liu ex Renvoize & S. L. Chen	禾本科			*
598	五节芒	*Miscanthus floridulus* (Lab.) Warb. ex K. Schumann	禾本科			*
599	牛鞭草	*Hemarthria sibirica* (Gandoger) Ohwi	禾本科			*

续表

序号	中文名	学名（含命名人）	科名	国家重点保护野生植物(2021年版)	外来入侵植物(√)	水生和湿生植物(*)
600	鹅观草	*Elymus kamoji* (Ohwi) S. L. Chen	禾本科			*
601	日本纤毛草	*Elymus ciliaris* var. *hackelianus* (Honda) G. H. Zhu & S. L. Chen	禾本科			*
602	千金子	*Leptochloa chinensis* (L.) Nees	禾本科			*
603	求米草	*Oplismenus undulatifolius* (Arduino) Roemer & Schuit.	禾本科			*
604	竹叶草	*Oplismenus compositus* (L.) P. Beauv.	禾本科			*
605	雀稗	*Paspalum thunbergii* Kunth ex Steud.	禾本科			*
606	双穗雀稗	*Paspalum distichum* Linnaeus	禾本科			*
607	阔叶箬竹	*Indocalamus latifolius* (Keng) McClure	禾本科			*
608	箬竹	*Indocalamus tessellatus* (Munro) P. C. Keng	禾本科			*
609	牛筋草	*Eleusine indica* (L.) Gaertn.	禾本科			*
610	糠稷	*Panicum bisulcatum* Thunb.	禾本科			*
611	鼠尾粟	*Sporobolus fertilis* (Steud.) Clayton	禾本科			*
612	菵草	*Beckmannia syzigachne* (Steud.) Fern.	禾本科			
613	假俭草	*Eremochloa ophiuroides* (Munro) Hack.	禾本科			*
614	野燕麦	*Avena fatua* L.	禾本科			*
615	薏苡	*Coix lacryma-jobi* L.	禾本科			
616	虉草	*Phalaris arundinacea* L.	禾本科			*
617	早熟禾	*Poa annua* L.	禾本科			*
618	春兰	*Cymbidium goeringii* (Rchb. f.) Rchb. F.	兰科	Ⅱ级		
619	蕙兰	*Cymbidium faberi* Rolfe	兰科	Ⅱ级		
620	虾脊兰	*Calanthe discolor* Lindl.	兰科			
621	美人蕉	*Canna indica* L.	美人蕉科		√	*
622	万寿竹	*Disporum cantoniense* (Lour.) Merr.	秋水仙科			

续表

序号	中文名	学名（含命名人）	科名	国家重点保护野生植物(2021年版)	外来入侵植物(√)	水生和湿生植物(*)
623	荸荠	*Eleocharis dulcis* (Burman f.) Trinius ex Henschel	莎草科			*
624	具槽秆荸荠	*Eleocharis valleculosa* Ohwi	莎草科			*
625	牛毛毡	*Eleocharis yokoscensis* (Franchet & Savatier) Tang & F. T. Wang	莎草科			*
626	少花荸荠	*Eleocharis quinqueflora* (Hartmann) O. Schwarz	莎草科			*
627	羽毛荸荠	*Eleocharis wichurae* Boeckeler	莎草科			*
628	红鳞扁莎	*Pycreus sanguinolentus* (Vahl) Nees ex C. B. Clarke	莎草科			*
629	球穗扁莎	*Pycreus flavidus* (Retzius) T. Koyama	莎草科			*
630	百球藨草	*Scirpus rosthornii* Diels	莎草科			*
631	湖瓜草	*Lipocarpha microcephala* (R. Brown) Kunth	莎草科			*
632	拟二叶飘拂草	*Fimbristylis diphylloides* Makino	莎草科			*
633	水虱草	*Fimbristylis littoralis* Grandich	莎草科			*
634	宜昌飘拂草	*Fimbristylis henryi* C. B. Clarke	莎草科			*
635	阿穆尔莎草	*Cyperus amuricus* Maxim.	莎草科			*
636	扁穗莎草	*Cyperus compressus* L.	莎草科			*
637	毛轴莎草	*Cyperus pilosus* Vahl	莎草科			*
638	水莎草	*Cyperus serotinus* Rottb.	莎草科			*
639	碎米莎草	*Cyperus iria* L.	莎草科			*
640	香附子	*Cyperus rotundus* L.	莎草科		√	*
641	旋鳞莎草	*Cyperus michelianus* (L.) Link	莎草科			*
642	异型莎草	*Cyperus difformis* L.	莎草科			*
643	砖子苗	*Cyperus cyperoides* (L.) Kuntze	莎草科			*

续表

序号	中文名	学名（含命名人）	科名	国家重点保护野生植物(2021年版)	外来入侵植物(√)	水生和湿生植物(*)
644	三棱水葱	*Schoenoplectus triqueter* (Linnaeus) Palla	莎草科			*
645	短叶水蜈蚣	*Kyllinga brevifolia* Rottb.	莎草科			*
646	藏薹草	*Carex thibetica* Franch.	莎草科			*
647	单性薹草	*Carex unisexualis* C. B. Clarke	莎草科			*
648	短尖薹草	*Carex brevicuspis* C. B. Clarke	莎草科			*
649	二形鳞薹草	*Carex dimorpholepis* Steud.	莎草科			*
650	镜子薹草	*Carex phacota* Spreng.	莎草科			*
651	签草	*Carex doniana* Spreng.	莎草科			*
652	翼果薹草	*Carex neurocarpa* Maxim.	莎草科			*
653	皱果薹草	*Carex dispalata* Boott ex A. Gray	莎草科			*
654	水毛花	*Schoenoplectiella triangulata* (Roxb.) J. Jung & H. K. Choi	莎草科			*
655	萤蔺	*Schoenoplectiella juncoides* (Roxburgh) Lye	莎草科			*
656	葱莲	*Zephyranthes candida* (Lindl.) Herb.	石蒜科		√	
657	韭莲	*Zephyranthes carinata* Herbert	石蒜科		√	
658	薤白	*Allium macrostemon* Bunge	石蒜科			
659	石蒜	*Lycoris radiata* (L'Hér.) Herb.	石蒜科			
660	盾叶薯蓣	*Dioscorea zingiberensis* C. H. Wright	薯蓣科			
661	日本薯蓣	*Dioscorea japonica* Thunb.	薯蓣科			
662	薯蓣	*Dioscorea polystachya* Turczaninow	薯蓣科			
663	草茨藻	*Najas graminea* Del.	水鳖科			*
664	大茨藻	*Najas marina* L.	水鳖科			*
665	小茨藻	*Najas minor* All.	水鳖科			*
666	黑藻	*Hydrilla verticillata* (L. f.) Royle	水鳖科			*

续表

序号	中文名	学名（含命名人）	科名	国家重点保护野生植物（2021年版）	外来入侵植物（√）	水生和湿生植物（*）
667	苦草/扁担草	*Vallisneria natans* (Lour.) H. Hara	水鳖科			*
668	水鳖	*Hydrocharis dubia* (Bl.) Backer	水鳖科			*
669	伊乐藻	*Elodea canadensis* Michx.	水鳖科		√	*
670	湖北黄精	*Polygonatum zanlanscianense* Pamp.	天门冬科			
671	长梗黄精	*Polygonatum filipes* Merr. ex C. Jeffrey & McEwan	天门冬科			
672	短葶山麦冬	*Liriope muscari* (Decaisne) L. H. Bailey	天门冬科			*
673	凤尾丝兰	*Yucca gloriosa* L.	天门冬科			
674	万年青	*Rohdea japonica* (Thunb.) Roth	天门冬科			
675	麦冬	*Ophiopogon japonicus* (L. f.) KerGawl.	天门冬科			*
676	沿阶草	*Ophiopogon bodinieri* H. Lévl.	天门冬科			
677	半夏	*Pinellia ternata* (Thunb.) Ten. ex Breit.	天南星科			*
678	大薸	*Pistia stratiotes* L.	天南星科		√	*
679	浮萍	*Lemna minor* L.	天南星科			*
680	一把伞南星	*Arisaema erubescens* (Wall.) Schott	天南星科			
681	芜萍	*Wolffia arrhiza* (L.) Wimmer	天南星科			*
682	野芋	*Colocasia antiquorum* Schott	天南星科			*
683	紫萍	*Spirodela polyrhiza* (L.) Schleid.	天南星科			*
684	水烛	*Typha angustifolia* L.	香蒲科			*
685	香蒲	*Typha orientalis* C. Presl	香蒲科			*
686	水竹叶	*Murdannia triquetra* (Wall.) Bruckn.	鸭跖草科			*
687	鸭跖草	*Commelina communis* L.	鸭跖草科			*
688	篦齿眼子菜	*Stuckenia pectinata* (Linnaeus) Börner	眼子菜科			*
689	鸡冠眼子菜	*Potamogeton cristatus* Regel & Maack	眼子菜科			*
690	微齿眼子菜	*Potamogeton maackianus* A. Bennett	眼子菜科			*

续表

序号	中文名	学名（含命名人）	科名	国家重点保护野生植物(2021年版)	外来入侵植物(√)	水生和湿生植物(*)
691	小眼子菜	*Potamogeton pusillus* L.	眼子菜科			*
692	眼子菜	*Potamogeton distinctus* A. Bennett	眼子菜科			*
693	竹叶眼子菜	*Potamogeton wrightii* Morong	眼子菜科			*
694	菹草	*Potamogeton crispus* L.	眼子菜科			*
695	凤眼莲	*Pontederia crassipes* (Mart.) Solme	雨久花科		√	*
696	鸭舌草	*Monochoria vaginalis* (Burm. F.) Presl ex Kunth	雨久花科			*
697	射干	*Belamcanda chinensis* (L.) Redouté	鸢尾科			
698	蝴蝶花	*Iris japonica* Thunb.	鸢尾科			
699	黄菖蒲	*Iris pseudacorus* L.	鸢尾科			*
700	鸢尾	*Iris tectorum* Maxim.	鸢尾科			
701	矮慈姑	*Sagittaria pygmaea* Miq.	泽泻科			*
702	野慈姑	*Sagittaria trifolia* L.	泽泻科			*
703	窄叶泽泻	*Alisma canaliculatum* A. Braun & Bouché.	泽泻科			*
704	肺筋草	*Aletris spicata* (Thunb.) Franch.	沼金花科			
705	棕榈	*Trachycarpus fortunei* (Hook.) H. Wendl.	棕榈科			

注：所有植物学名及中文名参照英文版中国植物志（FOC）标准。

2.3 植被类型

我国湿地植被分类基本上采用《中国植被》中关于植被分类的原则。1999年，中国湿地植被编辑委员会编著的《中国湿地植被》就是根据《中国植被》中的分类原则将我国湿地植被划分为5个植被型组、9个植被型、7个植被亚型、50个群系组、140个群系及若干个群丛。《中国湿地植被》区划中，黄盖湖湿地属于我国湿地的"华北平原、长江中、下游平原草丛沼泽和浅水植物湿地区"的"长江中、下游平原浅水植物湿地亚区"。

本书根据上述著作中的分类原则，即植物群落学–植物生态学原则，结合赤壁市湿地实际情况将该处植被划分为两类：一类为湿地植被，分3个植被型组，共计44个群系，其中湿地植被38个群系，即草甸型组15个群系、沼泽型组8个群系、水生植物型组15个群系；另一类为湿地边缘的丘岗地植被，分为4个植被型组，共计6个群系。

2.3.1 湿地植被类型

一、草甸型组

（一）薹草草甸

1. 垂穗薹草群系（*Carex brachyathera* formation）

2. 短尖薹草群系（*Carex brevicuspis* formation）

（二）禾草草甸

3. 南荻群系（*Miscanthus lutarioriparia* formation）

4. 双穗雀稗群系（*Paspalum distichum* formation）

5. 狗牙根群系（*Cynodon dactylon* formation）

6. 棒头草群系（*Polypogon fugax* formation）

7. 茵草群系（*Beckmannia syzigachne* formation）

8. 虉草群系（*Phalaris arundinacea* formation）

9. 鹅观草群系（*Roegneria kamoji* formation）

（三）杂类草草甸

10. 蒌蒿群系（*Artemisia selengensis* formation）

11. 茵陈蒿群系（*Artemisia capillaris* formation）

12. 小白酒草群系（*Erigeron canadensis* formation）

13. 天蓝苜蓿群系（*Medicago lupulina* formation）

14. 益母草群系（*Leonurus japonicus* formation）

15. 球果蔊菜群系（*Rorippa globosa* formation）

二、沼泽型组

（一）莎草类沼泽

16. 皱果薹草群系（*Carex dispalata* formation）

17. 具刚毛荸荠群系（*Eleocharis equisetiformis* formation）

（二）禾草类沼泽

18. 茭白群系（*Zizania latifolia* formation）

19. 芦苇群系（*Phragmites australis* formation）

（三）杂草类沼泽

20. 菖蒲群系（*Acorus calamus* formation）

21. 香蒲群系（*Typha orientalis* formation）

22. 灯芯草群系（*Juncus effusus* formation）

23. 水蓼群系（*Persicaria hydropiper* formation）

三、水生植物型组

（一）沉水植物类

24. 菹草群系（*Potamogeton crispus* formation）

25. 黑藻群系（*Hydrilla verticillata* formation）

26. 苦草群系（*Vallisneria natans* formation）

27. 金鱼藻群系（*Ceratophyllum demersum* formation）

28. 穗状狐尾藻群系（*Myriophyllum spicatum* formation）

（二）漂浮植物类

29. 浮萍、紫萍群系（*Lemna minor*、*Spirodela polyrhiza* formation）

30. 满江红群系（*Azolla pinnata* subsp. *asiatica* formation）

31. 凤眼莲群系（*Pontederia crassipes* formation）

（三）浮叶植物类

32. 眼子菜群系（*Potamogeton distinctus* formation）

33. 荇菜群系（*Nymphoides peltata* formation）

34. 水皮莲群系（*Nymphoides cristata* formation）

35. 莲群系（*Nelumbo nucifera* formation）

36. 欧菱群系（*Trapa natans* formation）

37. 芡群系（*Euryale ferox* formation）

38. 空心莲子草群系（*Alternanthera philoxeroides* formation）

39. 南美天胡荽群系（*Hydrocotyle verticillata* formation）

2.3.2 丘岗地植被类型

一、针叶林

1. 马尾松林（*Pinus massoniana* forest）

2. 湿地松林（*Pinus elliottii* forest）

二、针、阔叶混交林

3. 马尾松、樟树林（*Pinus massoniana* & *Cinnamomum camphora* forest）

4. 马尾松、杉、樟树林（*Pinus massoniana*、*Cunninghamia lanceolata*、*Camphora officinarum* forest）

三、竹林

5. 毛竹林（*Phyllostachys edulis* forest）

四、灌丛

6. 檵木、山胡椒、牡荆灌丛（*Loropetalum chinense*、*Lindera glauca*、*Vitex negundo* var. *cannabifolia* shrub）

2.4 植被分述

一、草甸型组

草甸型组是指由中生型或湿生性草本植物组成的群落类型。所谓中生型植物是指生长在水湿条件适中的立地条件上的植物，可分为湿中生、真中生和旱中生等类型。草甸又可分为大陆草甸、河漫滩草甸以及山地草甸。此处所述为河漫滩草甸，又称淹水草甸，其立地由河流沉积而成，或为防洪而修建的堤坝、高滩，有时被水淹，土壤湿润，土层深厚肥沃，土壤一般为潮土，通气性较差，泥炭层不明显。草甸建群种一般为根茎类草本植物，主要植物种类有禾草、薹草、蒿草类。植物以湿中生和真中生为多，还有部分湿生植物。

草甸植被的主要类型如下。

（一）薹草草甸

1. 垂穗薹草群系（*Carex brachyathera* formation）

垂穗薹草成群体生长或零星分布，叶条形，花序下垂，可作观赏植物。多分布于河堤下部和水边陆地以及荒田中，生长较密且茂盛。土壤湿润或渍水。群落外貌浅绿色，为丛状生长，盖度50%左右。混生种有棒头草、碎米莎草、水田碎米荠、菵草、水芹、水蓼等。本地黄盖咀、白杨冲较多。

垂穗薹草群系（一）

垂穗薹草群系（二）

2. 短尖薹草群系（*Carex brevicuspis* formation）

短尖薹草生长较密集，叶片较窄，春季一片翠绿。分布于洲滩较高处和堤坡下部以及水沟旁。土壤湿润肥沃，pH 值为 6～7.5 之间。群落外貌深绿色，盖度 70% 左右，平均高度 60 厘米。混生种有皱果薹草、垂穗薹草、水蓼、棒头草、藕草、泥胡菜、一年蓬、双穗雀稗、羊蹄、蒌蒿等。鸦雀嘴洲滩有成片生长。

短尖薹草群系（一）

短尖薹草群系（二）

（二）禾草草甸

3. 南荻群系（*Miscanthus lutarioriparia* formation）

南荻生长高可达4米以上，叶片中脉明显，为重要造纸原料。分布于洲滩和水沟、河、渠两侧，该处有小面积分布。群落盖度90%以上，常混生有芦苇，下层有蒌蒿、水蓼、水芹、棒头草、薹草、双穗雀稗等。

南荻群系（一）

第2章 赤壁市湿地植物多样性

南荻群系（二）

南荻群系（三）

第2章 赤壁市湿地植物多样性

4. 双穗雀稗群系（*Paspalum distichum* formation）

双穗雀稗为匍地蔓生性草本，在陆地生长，可伸展到水面。分布于堤坡、洲滩、田埂、道路旁，土壤多为潮土，pH 值为 6.5～7.0 之间。群落外貌深绿色，盖度 90% 以上，形成绿毯式。混生种类有狗牙根、早熟禾、看麦娘、紫云英、荔枝草、泥胡菜、蒌蒿、一年蓬等。黄盖湖堤岸边较多。

5. 狗牙根群系（*Cynodon dactylon* formation）

狗牙根适应性很强，在较干旱或较湿润处均能生长，此处多生于堤岸、道路旁和洲滩较高处，有成片的分布。群落外貌浓绿色，开花时灰绿色。盖度 90% 以上，匍地生长，呈"地毯"式。混生种常有双穗雀稗、艾蒿、一年蓬、升马唐、荔枝草、飞廉、鹅观草等。

狗牙根群系

6. 棒头草群系（*Polypogon fugax* formation）

棒头草是季节性草本（春夏型），早春发苗，春季繁茂生长，开花，结实，夏季枯萎。多分布于堤坡的下部、荒田、荒土以及洲滩高地。土壤湿润，常有水浸。群落外貌春季绿色，夏初（5月份）灰绿或紫色，夏季黄色。盖度 70%～80%，与其混生的种有茵草、稗、小旋花、齿果酸模、尼泊尔老鹳草、看麦娘、鹅观草等。

棒头草群系（一）

棒头草群系（二）

第 2 章　赤壁市湿地植物多样性

7. 茵草群系（*Beckmannia syzigachne* formation）

茵草亦为季节性草本（春夏型），多分布于洲滩高地、水沟两侧、荒田。土壤湿润肥沃。群落外貌在3—4月份为绿色，5月初开花为浅绿色，5月中、下旬果成熟为黄色；在阴湿处的群落夏季仍为浅绿色。混生种有棒头草、䕡草、紫云英、小旋花、碎米荠、水蓼等。

8. 䕡草群系（*Phalaris arundinacea* formation）

䕡草喜生于渍水区过渡到陆地之间的湿润地段，因此多分布于洲滩、溪、沟、塘的边缘，常可伸到水面生长，面积较大。余家桥垸、鸦雀嘴、小星村岛等有成片生长，盖度80%以上，平均高度1米左右。混生种有短尖薹草、蒌蒿、益母草、假稻、牛鞭草、南荻等。

9. 鹅观草群系（*Roegneria kamoji* formation）

鹅观草为季节性草本（春夏型），分布于洲滩较高处、堤坡、路旁等地，以其为优势的群落多在堤岸。春季茂盛生长，夏季枯萎。常伴生有狗尾草、蒌蒿、飞蓬、薹草等。

（三）杂类草草甸

10. 蒌蒿群系（*Artemisia selengensis* formation）

蒌蒿，当地名藜蒿，多年生草本，嫩叶、嫩茎是美味菜肴。成群分布于该地的洲滩、荒地、路旁，面积较大。土壤均深厚肥沃。群落盖度一般为60%～70%，高度50～70厘米。混生种有水蓼、羊蹄、棒头草、茵草、䕡草、尼泊尔老鹳草、薹草、碎米荠等。鸦雀嘴洲滩、小星村岛成群生长。

鹅观草群系

第 2 章　赤壁市湿地植物多样性

蒌蒿群系（一）

蒌蒿群系（二）

11. 茵陈蒿群系（*Artemisia capillaris* formation）

茵陈蒿是一年或二年生草本，著名的药用植物。此处荒土和堤坡大量生长。混生种有野艾蒿、一年蓬、水蓼、狗牙根、窃衣、刺儿菜等。

12. 小白酒草群系（*Erigeron canadensis* formation）

小白酒草又名加拿大飞蓬，是外来入侵植物。此处堤岸、荒地成片生长，高1米以上，盖度80%以上。其是人们非常厌恶的植物，很难消除。

小白酒草群系

13. 天蓝苜蓿群系（*Medicago lupulina* formation）

天蓝苜蓿为一年生草本，可作牧草和绿肥，多分布于路旁、堤坡、洲滩较高处，呈小块状群集生长。群落盖度80%以上，外貌初为绿色，开花时为黄绿色，6月份果实成熟。混生种有狗牙根、双穗雀稗、茵草、棒头草、益母草、水蓼、一年蓬等。此处河堤旁多见。

14. 益母草群系（*Leonurus japonicus* formation）

益母草在该处分布很广，成群分布于屋旁和较高的荒地。群落高1米以上，盖度80%左右，外貌为绿色。混生种有尼泊尔老鹳草、球果蔊菜、荔枝草、飞廉、一年蓬、乌蔹莓、鸡屎藤等。

第 2 章 赤壁市湿地植物多样性

天蓝苜蓿群系

益母草群系

第 2 章 赤壁市湿地植物多样性

15. 球果蔊菜群系（*Rorippa globosa* formation）

球果蔊菜为季节性草本（春夏型），早春萌发，4—5月份生长茂盛，开黄色花，至盛夏结实枯萎。该种分布较广，常混生于其他群落之中，在堤坡和洲滩有时也成群生长。同德垸堤岸有群落，常与一年蓬、鹅观草、短尖薹草等混生。

球果蔊菜群系

二、沼泽型组

此处沼泽是指水湿地区，即地下水位高，常有水浸，土壤为沼泽土，渍水，空气少，适宜于湿生植物生长。这类地段多分布于河湖边缘、洲滩中的低地、渍水荒田等处。

（一）莎草类沼泽

以莎草科植物为优势种的群落。

16. 皱果薹草群系（*Carex dispalata* formation）

皱果薹草常群集生长，叶片条状披针形，生长茂盛。多分布于溪沟、河、湖、水塘边缘浅水处，水深20～60厘米。土壤为沼泽土，pH值为5.5～7.0，群落外貌整齐深绿色，高度 60～100 厘米，盖度 80% 左右。与其混生的种有蘸草、水蓼、藕草、双穗雀稗、假稻、水芹、野灯芯草等。鸦雀嘴滩地有成群生长。

17. 具刚毛荸荠群系（*Eleocharis equisetiformis* formation）

具刚毛荸荠秆单生或丛生，分布于浅水洲滩、荒田、水域边缘，土壤常年浸水，为沼泽土。群落外貌整齐浓绿色。盖度 70%～80%，高度 30～80 厘米。伴生种有皱果薹草、蘸草、水苦荬、节节草、金鱼藻、菹草、荇菜等。该处洲滩水湿地多生长。

具刚毛荸荠群系

（二）禾草类沼泽

以禾本科植物为优势种的群落。

18. 茭白群系（*Zizania latifolia* formation）

茭白又称茭笋、茭瓜，其茎受菌类刺激膨大部分为美味佳肴。该种分布最多，生长于河滩浅水和池塘中。外貌绿色茂密。盖度 90% 以上，高 1 米以上。组成较单纯，水中有金鱼藻、黑藻、菹草等。

茭白群系

19. 芦苇群系（*Phragmites australis* formation）

芦苇在此处没有大面积分布，在部分河滩、堤岸边有成片生长。比南荻更耐水湿，多与南荻混生。高度 2～3 米，盖度 80% 以上，常有鸡屎藤缠绕。为优良的造纸原料。

芦苇群系（一）

第 2 章　赤壁市湿地植物多样性

芦苇群系（二）

芦苇群系（三）

芦苇群系（四）

（三）杂草类沼泽

20. 菖蒲群系（*Acorus calamus* formation）

菖蒲成群生长，分布于浅水塘和洲滩浅水中。群落外貌浓绿色，盖度90%以上，高度1米以上。组成较单纯，群落下部水中常有菹草、茨藻、金鱼藻、空心莲子草等。

21. 香蒲群系（*Typha orientalis* formation）

香蒲又名毛蜡烛，该处水塘、浅水湖泊、荒芜水田中生长较多。一般盖度70%，高度2～3米，群集生长，水深0.2～1米。该种可作切花材料。

22. 灯芯草群系（*Juncus effusus* formation）

该处灯芯草属（*Juncus*）有四个种，均有群落生长，最多的是野灯芯草（*Juncus setchuensis*）群落，生长于水田、洲滩低洼处、水沟边。群落外貌浓绿色，整齐，盖度70%～80%，高度0.2～0.5米。

菖蒲群系

香蒲群系

灯芯草群系

23. 水蓼群系（*Persicaria hydropiper* formation）

此处成片生长的蓼有三个种，即水蓼（*Persicaria hydropiper*）、酸模叶蓼

水蓼群系

(*Persicaria lapathifolia*)和光叶蓼，以水蓼为多，在黄盖湖湿地到处可见，洲滩、河堤、水沟边成片生长。季相明显，夏季绿色或紫绿色，秋季开花红色、淡红色、白色，色彩纷呈，非常壮观。

三、水生植物型组

常年生活在水环境中的植物型组。

（一）沉水植物类

根生长于水下土壤，茎叶在水下生长的植物。

24. 菹草群系（*Potamogeton crispus* formation）

较常见的沉水草本，遍布于沟渠和洲滩的水域中，生长茂盛。群落盖度90%以上，水深0.5～3米。菹草为优势的群落，伴生种常有金鱼藻、黑藻、眼子菜、荇菜等。

菹草群系

25. 黑藻群系（*Hydrilla verticillata* formation）

黑藻是该处最多的一类沉水草本，多生长于池塘、湖泊中，成群生长，或混生于其他群落之中。一般群落盖度80%，水深0.5～1米，伴生种有金鱼藻、篦齿眼子菜、荇菜、莲等。

26. 苦草群系（*Vallisneria natans* formation）

苦草群落分布于水渠、湖泊、小河中。群落盖度50%～60%，水深0.5～2米，苦草高度0.3～1.0米，与其混生的种有黑藻、小茨藻、金鱼藻、细果野菱等。黄盖湖浅水中多见。

苦草群系

27. 金鱼藻群系（*Ceratophyllum demersum* formation）

金鱼藻也是分布较多的沉水草本，生长于池塘、水沟、浅湖中，一般群落盖度98%，水深0.6米，金鱼藻群体厚度0.3米以上，混生种较少，主要有黑藻、小茨藻、菱、荇菜等。

第 2 章 赤壁市湿地植物多样性

金鱼藻群系

28. 穗状狐尾藻群系（*Myriophyllum spicatum* formation）

穗状狐尾藻较多见，但该处成群落生长的多为小块分布，生长于小河、湖泊、池塘、沟渠中。一般群落盖度 95%，水深 0.5～2 米，藻类群体厚度 0.3 米以上，混生种有金鱼藻、茨藻、角果藻、苦草、菹草等。

（二）漂浮植物类

此类植物根不生于土中，全株漂浮于水面。

29. 浮萍、紫萍群系（*Lemna minor*、*Spirodela polyrhiza* formation）

分布于浅水荒田和池塘中。有零星漂浮水面的，也有密布水面的。群落盖度 100%，水深 0.2～1 米，组成单纯。

第 2 章　赤壁市湿地植物多样性

穗状狐尾藻群系

紫萍群系

30. 满江红群系（*Azolla pinnata* subsp. *asiatica* formation）

满江红生于静水区，水塘及浅水荒田中极普遍，多成群漂浮，外貌紫红色，密集，盖度100%，常混生有紫萍，为优质绿肥。

满江红群系

31. 凤眼莲群系（*Pontederia crassipes* formation）

该植物为外来种，在长江水域已普遍繁衍。静水水沟、池塘中有成群生长，成为该处的有害植物。群落外貌浓绿，盖度100%，与其混生的有空心莲子草、浮萍等，水中有菹草等植物。需要注意的是，凤眼莲为恶性外来入侵物种，赤壁市湿地内应加大力度铲除。

第 2 章　赤壁市湿地植物多样性

凤眼莲群系（一）

凤眼莲群系（二）

第 2 章　赤壁市湿地植物多样性

凤眼莲群系（三）

凤眼莲群系（四）

（三）浮叶植物类

此类植物根着生于水下土壤中，叶浮于水面。

32. 眼子菜群系（*Potamogeton malainus* formation）

眼子菜常分布于小河、浅湖、水塘、溪沟中，鸦雀嘴洲滩水塘中较多。群落盖度 75%，水深 2 米，植株长 0.5～2 米，叶片遍布于水面，水中密生小茨藻、狐尾藻、黑藻等。

33. 荇菜群系（*Nymphoides peltata* formation）

荇菜分布较多，在池塘静水、水沟、洲滩水池、湖泊边缘常成群生长。花黄色，可供观赏。群落外貌绿间黄色，盖度 90%～100%，水中密生藻类，主要有菹草、金鱼藻、小茨藻、黑藻、水鳖等。有时长入茭笋、皱果薹草、野荸荠等群落中。

眼子菜群系（一）

第2章 赤壁市湿地植物多样性

眼子菜群系（二）

荇菜群系（一）

荇菜群系（二）

34. 水皮莲群系（*Nymphoides cristata* formation）

水皮莲形态和生长环境类似荇菜，其花较小，有白色和黄色，故又名金银莲花。此处同德垸退田还湖的水区有成片生长。

水皮莲群系

35. 莲群系（*Nelumbo nucifera* formation）

莲即荷花，现野生较少，大多为栽培，分布于池塘、湖泊、沟渠中。水深 0.3～2 米。群落外貌绿色，多层，组成单纯，盖度 90%，莲群系中伴生有多种植物，如菹草、黑藻、金鱼藻、茨藻等。

莲群系（一）

莲群系（二）

莲群系（三）

36. 欧菱群系（*Trapa natans* formation）

黄盖湖湿地成群落生长的菱有2个物种，即细果野菱（*Trapa incisa*）、欧菱（*Trapa natans*）。生长于池塘、水沟、洲滩水池中。群落盖度80%～100%，外貌绿色中带紫色，水深0.3～0.8米，水中常伴生金鱼藻、黑藻、角果藻、菹草等。

欧菱群系（一）

第 2 章　赤壁市湿地植物多样性

欧菱群系（二）

欧菱群系（三）

37. 芡群系（*Euryale ferox* formation）

芡叶圆形，多刺，花似鸡头，也称鸡头米。西凉湖中有部分生长，群落盖度50%，混生种有野菱、莲、黑藻、狐尾藻、金鱼藻等。该种系经济植物，种仁为著名食用淀粉，嫩茎为美味蔬菜。

芡群系

38. 空心莲子草群系（*Alternanthera philoxeroides* formation）

多年生草本，叶长圆形、长圆状倒卵形或倒卵状披针形，头状花序具花序梗，单生于叶腋，花白色，也称莲子草。西凉湖和余家桥垸湖中有较多生长，群落盖度90%，混生种有黑藻、狐尾藻、金鱼藻等。该种为入侵植物，繁殖迅速，生长茂盛，难以铲除。

第 2 章　赤壁市湿地植物多样性

空心莲子草群系（一）

空心莲子草群系（二）

39. 南美天胡荽群系（*Hydrocotyle verticillata* formation）

南美天胡荽俗称铜钱草、香菇草、小金钱草。适生性极强，常用于公园、绿地、庭院水景绿化，多植于浅水处或湿地，从而成片密布蔓延，难以铲除。注意南美天胡荽为湖北省恶性外来入侵物种，湿地内应注意防范和加大铲除力度。

南美天胡荽群系（一）

南美天胡荽群系（二）

2.5 国家重点保护野生植物

据调查统计,赤壁市湿地共记录维管束植物 139 科 422 属 705 种。其中,国家Ⅱ级重点保护野生植物有 9 种,分别为:水蕨 *Ceratopteris thalictroides*、粗梗水蕨 *Ceratopteris chingii*、野大豆 *Glycine soja*、细果野菱 *Trapa incisa*、中华猕猴桃 *Actinidia chinensis*、花榈木 *Ormosia henryi*、中华结缕草 *Zoysia sinica*、春兰 *Cymbidium goeringii*、蕙兰 *Cymbidium faberi*。

第3章

赤壁市湿地动物多样性

赤壁市湿地的浮游动物即无脊椎动物,分为原生动物、轮虫类、枝角类与桡足类四类。浮游动物是湿地生态系统的重要组成部分,为食物链中的次级生产力,其种类组成和数量分布与渔业关系极为密切。

赤壁市湿地的脊椎动物资源包括兽类、鸟类、爬行类、两栖类及鱼类,以及其他陆生脊椎动物。

3.1 浮游动物多样性

3.1.1 浮游动物组成

本次调查中,共检测和统计到浮游动物33种(属)。其中原生动物7种,占浮游动物种类数的21.21%;轮虫类16种,占48.48%;枝角类6种,占18.18%;桡足类4种,占12.12%。从种类组成看,轮虫的种类较丰富。赤壁市湿地浮游动物种类数及比例见表3-1。

表3-1 赤壁市湿地浮游动物种类数及所占比例

分类	原生动物	轮虫类	枝角类	桡足类	总计
种类数	7	16	6	4	33
比例	21.21%	48.48%	18.18%	12.12%	100%

经分析发现,原生动物常见优势类群为砂壳虫(*Difflugia* sp.);轮虫类常见种类为矩形龟甲轮虫(*Keratella quadrata*)和臂尾轮虫(*Brachionus* sp.);枝角类常见种类为长额象鼻溞(*Bosmina longirostris*);桡足类常见种类为广布中剑水蚤(*Mesocyclops leuckarti*)。

第3章 赤壁市湿地动物多样性

赤壁市湿地浮游动物名录见表3-2。

表 3-2 赤壁市湿地浮游动物名录

Ⅰ 原生动物 Protozoa
1. 矛状鳞壳虫 *Euglypha laevis*
2. 冠砂壳虫 *Difflugia corona*
3. 片口砂壳虫 *Difflugia lobostoma*
4. 辐射变形虫 *Amoeba radiosa*
5. 王氏似铃壳虫 *Tintinnopsis wangi*
6. 陀螺侠盗虫 *Strobilidium velox*
7. 球形方壳虫 *Quadrulell globulosa*
Ⅱ 轮虫类 Rotaria
8. 萼花臂尾轮虫 *Brachionus calyciflorus*
9. 壶状臂尾轮虫 *Brachionus urceus*
10. 矩形臂尾轮虫 *Brachionus leydigi*
11. 镰状臂尾轮虫 *Brachionus falcatus*
12. 矩形龟甲轮虫 *Keratella quadrata*
13. 曲腿龟甲轮虫 *Keratella valga*
14. 裂足臂尾轮虫 *Brachionus diversicornis*
15. 长刺异尾轮虫 *Trichocerca longiseta*
16. 前节晶囊轮虫 *Asplachna priodonta*
17. 独角聚花轮虫 *Conochilus unicornis*
18. 针簇多肢轮虫 *Polyarthra trigla*
19. 单趾轮虫 *Monostyla* sp.
20. 三肢轮虫 *Filinia* sp.
21. 尾棘巨头轮虫 *Cephalodella sterea*
22. 方块鬼轮虫 *Trichotria letractis*
23. 四角平甲轮虫 *Plalyias qualriconis*
Ⅲ 枝角类 Cladocera
24. 微型裸腹溞 *Moina micrura*

续表

25. 矩形尖额溞 *Alona rectangula*	
26. 长额象鼻溞 *Bosmina longirostris*	
27. 脆弱象鼻溞 *Bosmina fatalis*	
28. 圆形盘肠溞 *Chydorus sphaericus*	
29. 多刺秀体溞 *Diaphanosoma sarsi*	
Ⅳ 桡足类 Copepoda	
30. 汤匙华哲水蚤 *Sinocalanus dorrii*	
31. 右突新镖水蚤 *Neodiaptomus schmackeri*	
32. 广布中剑水蚤 *Mesocyclops leuckarti*	
33. 近邻剑水蚤 *Cyclops vicinus*	

3.1.2 密度和生物量

赤壁市湿地各采样点浮游动物平均密度为 642.75 ind./L，以原生动物的密度最大，为 481.5 ind./L，其次为轮虫类 139 ind./L。浮游动物平均生物量为 0.96 mg/L，其中原生动物为 0.038 mg/L，占总生物量的 3.97%，轮虫类为 0.47 mg/L，占总生物量的 48.79%，枝角类为 0.235 mg/L，占总生物量的 24.40%，桡足类为 0.22 mg/L，占总生物量的 22.84%，可见库区水体以轮虫类生物占优势。赤壁市湿地浮游动物密度和生物量详见表 3-3。

表 3-3 赤壁市湿地浮游动物密度和生物量

种类	现存量	采样点 1	采样点 2	采样点 3	采样点 4	平均值	百分比
原生动物	密度 /（ind./L）	294	528	669	435	481.5	74.91%
	生物量 /（mg/L）	0.022	0.041	0.053	0.037	0.038	3.97%
轮虫类	密度 /（ind./L）	78	134	186	158	139	21.63%
	生物量 /（mg/L）	0.22	0.48	0.62	0.56	0.47	48.79%
枝角类	密度 /（ind./L）	8	12	15	11	11.5	1.79%
	生物量 /（mg/L）	0.16	0.24	0.32	0.22	0.235	24.40%

续表

种类	现存量	采样点1	采样点2	采样点3	采样点4	平均值	百分比
桡足类	密度/(ind./L)	7	14	9	13	10.75	1.67%
	生物量/(mg/L)	0.13	0.3	0.18	0.27	0.22	22.84%
总计	密度/(ind./L)	387	688	879	617	642.75	100%
	生物量/(mg/L)	0.53	1.06	1.17	1.09	0.96	100%

3.2 底栖动物多样性

底栖动物是水底栖息的动物总称，一般包括水生环节动物、水生软体动物和水生节肢动物。进行底栖动物调查的目的在于了解水体中底栖动物的种类组成、分布，以及对水体单位面积上底栖动物的平均密度和生物量作出比较可靠的估计，从而为水体中底层鱼类的放养指标提供一定的科学依据，还可用这些调查数据评估水体的污染程度。

3.2.1 物种多样性

通过采样分析，共发现底栖动物28种，其中环节动物门5种，软体动物门14种，节肢动物门9种。环节动物常见种类为苏氏尾鳃蚓，软体动物常见种类为中华圆田螺和铜锈环棱螺，节肢动物常见种类主要为摇蚊科幼虫和虾类。

赤壁市湿地底栖动物名录如表3-4所示。

表3-4 赤壁市湿地底栖动物名录

门	种名
环节动物门 Annelida	1. 中华颤蚓 *Tubifex sinicus*
	2. 苏氏尾鳃蚓 *Branchiura sowerbyi*
	3. 霍甫水丝蚓 *Limnodrilus hoffmeisteri*
	4. 夹杂带丝蚓 *Lumbriculus variegatum*
	5. 维宾夫盘丝蚓 *Bothrioneurum vejdovskyanum*

续表

门	种名
软体动物门 Mollusca	6. 圆顶珠蚌 *Unio douglasiae*
	7. 背角无齿蚌 *Anodonta woodiana*
	8. 中华圆田螺 *Cipangopaludina cahayensis*
	9. 铜锈环棱螺 *Bellamya aeruginosa*
	10. 钉螺 *Oncomelania hupensis*
	11. 椭圆萝卜螺 *Radix swinhoei*
	12. 矛形楔蚌 *Cuneopsis celtiformis*
	13. 三角帆蚌 *Hyriopsis cumingii*
	14. 中华沼螺 *Parafossarulus sinensis*
	15. 大沼螺 *Parafossarulus eximius*
	16. 方格短沟蜷 *Semisulcospira cancellata*
	17. 湖球蚬 *Sphaerium lacustre*
	18. 河蚬 *Corbicula fluminea*
	19. 湖沼股蛤 *Limnoperna lacustris*
节肢动物门 Arthropoda	20. 日本沼虾 *Macrobrachium nipponense*
	21. 细足米虾 *Caridina nilotica gracilipes*
	22. 中华新米虾 *Neocaridina denticulate sinensis*
	23. 钩虾 *Gammarus* sp.
	24. 克氏原螯虾 *Procambarus clarkii*
	25. 蜓 *Aeschna* sp.
	26. 二翼蜉 *Cloeon dipterum*
	27. 长足摇蚊 *Tanypus* sp.
	28. 斑摇蚊 *Stictochironomus* sp.

3.2.2 密度和生物量

赤壁市湿地底栖动物的平均密度为 429 ind./m^2，其中环节动物密度为 186 ind./m^2，占总密度的 43.36%，软体动物密度为 105 ind./m^2，占总密度的

24.48%，节肢动物密度为 138 ind./m²，占总密度的 32.17%，以环节动物密度最高；平均生物量为 10.5 g/m²，其中环节动物为 0.6 g/m²，占总生物量的 5.71%，软体动物为 6.7 g/m²，占总生物量的 63.81%，节肢动物为 3.2 g/m²，占总生物量的 30.48%（表 3-5）。

表 3-5　赤壁市湿地底栖动物密度和生物量

项目	环节动物	软体动物	节肢动物	总计
密度 /（ind./m²）	186	105	138	429
生物量 /（g/m²）	0.6	6.7	3.2	10.5
所占比例（密度）	43.36%	24.48%	32.17%	100%
所占比例（生物量）	5.71%	63.81%	30.48%	100%

3.3　鱼类多样性

通过对赤壁市湿地的鱼类资源调查，统计到鱼类有 4 目 9 科 33 种（名录见表 3-6）。湿地范围内水域有国家Ⅱ级保护野生鱼类 1 种，为胭脂鱼（*Myxocyprinus asiaticus*），其他主要有草鱼（*Ctenopharyngodon idella*）、鲢（*Hypophthalmichthys molitrix*）、鳙（*Aristichthys nobilis*）、鲤（*Cyprinus carpio*）、鲫（*Carassius auratus*）、翘嘴鲌（*Culter alburnus*）、黑尾近红鲌（*Ancherythroculter nigrocauda*）、黄颡鱼（*Peltebagrus fulvidraco*）、鳜（*Siniperca chuatsi*）、大眼鳜（*Siniperca kneri*）、鲇（*Silurus asotus*）、黄鳝（*Monopterus albus*）、泥鳅（*Misgurnus anguillicaudatus*）等鱼类。

表 3-6　赤壁市湿地鱼类名录

目	科	种
一、鲤形目 CYPRINIFORMES	（一）鲤科 Cyprinidae	1. 宽鳍鱲 *Zacco platypus*
		2. 马口鱼 *Opsariichthys bidens*
		3. 草鱼 *Ctenopharyngodon idella*
		4. 团头鲂 *Megalobrama amblycephala*

续表

目	科	种
一、鲤形目 CYPRINIFORMES	（一）鲤科 Cyprinidae	5. 银飘鱼 *Pseudolaubuca sinensis*
		6. 红鳍原鲌 *Cultrichthys erythropterus*
		7. 翘嘴鲌 *Culter alburnus*
		8. 黑尾近红鲌 *Ancherythroculter nigrocauda*
		9. 蒙古红鲌 *Culter mongolicus*
		10. 银鲴 *Xenocypris argentea*
		11. 黑鳍鳈 *Sarcocheilichthys nigripinnis*
		12. 麦穗鱼 *Pseudorasbora parva*
		13. 蛇鮈 *Saurogobio dabryi*
		14. 棒花鱼 *Abbottina rivularis*
		15. 鲤 *Cyprinus carpio*
		16. 鲫 *Carassius auratus*
		17. 鲢 *Hypophthalmichthys molitrix*
		18. 鳙 *Aristichthys nobilis*
		19. 中华鳑鲏 *Rhodeus sinensis*
	（二）胭脂鱼科 Catostomidae	20. 胭脂鱼 *Myxocyprinus asiaticus*
	（三）鳅科 Cobitidae	21. 中华花鳅 *Cobitis sinensis*
		22. 泥鳅 *Misgurnus anguillicaudatus*
二、鲇形目 SILURIFORMES	（四）鲇科 Siluridae	23. 鲇 *Silurus asotus*
		24. 南方鲇 *Silurus meridionalis*
	（五）鲿科 Bagridae	25. 黄颡鱼 *Pelteobagrus fulvidraco*
		26. 光泽黄颡鱼 *Pelteobagrus nitidus*
		27. 瓦氏黄颡鱼 *Pelteobagrus vachelli*

续表

目	科	种
三、鲈形目 PERCIFORMES	（六）刺鳅科 Mastacembelidae	28. 刺鳅 *Mastacembelus aculeatus*
	（七）鮨科 Serranidae	29. 鳜 *Siniperca chuatsi*
		30. 大眼鳜 *Siniperca kneri*
		31. 斑鳜 *Siniperca schezeri*
	（八）鳢科 Channidae	32. 乌鳢 *Channa argus*
四、合鳃鱼目 SYNBRANCHIFORMES	（九）合鳃鱼科 Synbranchidae	33. 黄鳝 *Monopterus albus*

3.4 两栖类多样性

赤壁市湿地共有 12 种两栖类动物，隶属于 1 目 5 科。在 12 种两栖类动物中，东洋种有 8 种，占总数的 66.67%，古北种有 1 种，占总数的 8.33%，广布种有 3 种，占总数的 25%。具体名录见表 3-7。

表 3-7 赤壁市湿地两栖类动物名录

中文名、拉丁名	生境	区系	数量	保护等级
无尾目 ANURA					
（一）蟾蜍科 Bufonidae					
1. 中华大蟾蜍 *Bufo gargarizans*	栖息在离水源不太远的陆地上或阴暗、有一定湿度的丘陵地带的林间草丛中	广布种	++	省级
（二）雨蛙科 Hylidae					
2. 中国雨蛙 *Hyla chinensis*	生活在灌丛、芦苇、高秆作物上，或塘边、稻田及其附近的杂草上	东洋种	++	未列入
（三）蛙科 Ranidae					
3. 黑斑侧褶蛙 *Pelophylax nigromaculatus*	中国常见蛙类，常栖息于水田、池塘、湖沼、河流及海拔 2200 米以下的山地	广布种	+++	省级

续表

中文名、拉丁名	生境	区系	数量	保护等级
4. 湖北侧褶蛙 Pelophylax hubeiensis	栖息于有水草、藕叶的池塘或稻田中	东洋种	++	省级
5. 沼水蛙 Hylarana guentheri	生活于海拔 1000 米以下的平原、丘陵地区，多栖息于稻田、菜园、池塘、山沟等地，常隐蔽在水生植物丛间、杂草中	东洋种	++	省级
6. 泽陆蛙 Fejervarya multistriata	生活于平原、丘陵和海拔 2000 米以下山区的稻田、沼泽、水塘、水沟等静水域或其附近的旱地草丛	东洋种	+++	省级
7. 花臭蛙 Odorrana schmackeri	栖息于山溪内，常伏于有苔藓植物的岩石上	东洋种	++	未列入
（四）姬蛙科 Microhylidae				
8. 合征姬蛙 Microhyla mixtura	多生活于山区小水坑及附近	东洋种	++	省级
9. 饰纹姬蛙 Microhyla fissipes	生活于水田或水塘中	东洋种	++	省级
10. 北方狭口蛙 Kaloula borealis	多栖息于水坑或房屋附近的草丛中、土穴内或石下	古北种	+	未列入
（五）叉舌蛙科 Dicroglossidae				
11. 川村陆蛙 Fejervarya kawamurai	中国常见蛙类，常栖息于水田、池塘湖沼、河流等地	广布种	+++	未列入
12. 虎纹蛙 Hoplobatrachus chinensis	中国常见蛙类，常栖息于水田、池塘湖沼、河流及海拔 2200 米以下的山地	东洋种	++	国家Ⅱ级

3.5 爬行类多样性

赤壁市湿地内共有爬行类 16 种，隶属于 2 目 8 科。根据爬行类动物生活习性的不同，可以将上述 16 种爬行类动物分为以下 4 种生态类型：

（1）住宅型：只有多疣壁虎（Gekko japonicus）1 种。

（2）灌丛石隙型：包括中国石龙子（Eumeces chinensis）、北草蜥（Takydromus

septentrionalis）、竹叶青蛇（*Trimeresurus stejnegeri*）3 种。

（3）水栖型：包括乌龟（*Mauremys reevesii*）、中华鳖（*Pelodiscus sinensis*）、水蛇（*Natrix annularis*）3 种。

（4）林栖傍水型：包括王锦蛇（*Elaphe carinata*）、玉斑锦蛇（*Euprepiophis mandarinus*）、黑眉锦蛇（*Elaphe taeniura*）、红点锦蛇（*Elaphe rufodorsata*）、翠青蛇（*Cyclophiops major*）、滑鼠蛇（*Ptyas mucosus*）、乌梢蛇（*Ptyas dhumnades*）、银环蛇（*Bungarus multicinctus*）、蝮蛇（*Agkistrodon halys*）9 种。

赤壁市湿地的 16 种爬行类动物中，东洋种共 11 种，占总数的 68.75%，广布种共 4 种，占总数的 25%，古北种 1 种，占总数的 6.25%。这 16 种爬行类动物中，国家Ⅱ级保护野生动物有乌龟和中华鳖 2 种。

赤壁市湿地具体爬行类动物名录见表 3-8。

表 3-8 赤壁市湿地爬行动物名录

中文名、拉丁名	生境	区系	数量	保护等级
一、龟鳖目 TESTUDINATA					
（一）龟科 Emydidae					
1. 乌龟 *Mauremys reevesii*	生活于海拔 600 米以下的低山、丘陵、平原，底质为泥沙的河沟、池塘、水田、水库等有水源地方	广布种	+	国家Ⅱ级
（二）鳖科 Trionychidae					
2. 中华鳖 *Pelodiscus sinensis*	分布于低山、丘陵、平原，底质为泥沙的河沟、池塘、水田、水库等有水源地方	东洋种	+++	国家Ⅱ级
二、有鳞目 SQUAMATA					
（三）壁虎科 Gekkonidae					
3. 多疣壁虎 *Gekko japonicus*	常栖息于树林、草原及住宅区等，是昼伏夜出的动物	东洋种	++	未列入
（四）石龙子科 Scincidae					
4. 中国石龙子 *Eumeces chinensis*	栖息于乱石堆及农田、住宅周围的杂草中	东洋种	++	未列入

续表

中文名、拉丁名	生境	区系	数量	保护等级
（五）蜥蜴科 Lacertidae				
5. 北草蜥 *Takydromus septentrionalis*	栖息于丘陵灌丛中，也见于农田、茶园、溪边、路边	广布种	++	未列入
（六）游蛇科 Colubridae				
6. 王锦蛇 *Elaphe carinata*	生活于平原、丘陵和山地	东洋种	++	省级
7. 玉斑锦蛇 *Euprepiophis mandarinus*	分布于平原、山区、林地，亦常见于民宅附近、沟边或山地草丛中	东洋种	++	省级
8. 水蛇 *Natrix annularis*	喜在山涧附近田野及平原池沼中生活	广布种	+++	未列入
9. 黑眉锦蛇 *Elaphe taeniura*	生活于低海拔的平原、丘陵、山地等处，喜活动于林地、农田、草地、灌丛、坟地、河边及住宅区附近	广布种	+++	省级
10. 红点锦蛇 *Elaphe rufodorsata*	常见于河沟、水田、池塘及其附近	东洋种	+	未列入
11. 翠青蛇 *Cyclophiops major*	栖息于山区、林地、草丛或田野，食蚯蚓，亦食昆虫	东洋种	++	未列入
12. 滑鼠蛇 *Ptyas mucosus*	生活于平原、丘陵地带，白天活动，常见于水域附近	东洋种	++	省级
13. 乌梢蛇 *Ptyas dhumnades*	生活于平原、丘陵和山区，常见于田野、林下、河岸旁、溪边、灌丛、草地、民宅等处	东洋种	+++	省级
（七）眼镜蛇科 Elapidae				
14. 银环蛇 *Bungarus multicinctus*	生活于平原、山地或近水沟的丘陵地带，常出现于住宅附近	东洋种	+	省级
（八）蝰科 Viperidae				
15. 竹叶青蛇 *Trimeresurus stejnegeri*	栖息于山涧溪水旁的灌丛或杂草中	东洋种	++	未列入
16. 蝮蛇 *Agkistrodon halys*	栖息于林地、灌丛或杂草中	古北种	+++	未列入

3.6 鸟类多样性

3.6.1 鸟类物种组成

经实地调查、座谈访问和查阅相关资料，赤壁市湿地全域共记录到鸟类18目51科184种，其中国家Ⅰ级重点保护鸟类3种，即白鹤（*Grus leucogeranus*）、黑鹳（*Ciconia nigra*）、白颈长尾雉（*Syrmaticus ellioti*），国家Ⅱ级重点保护鸟类有31种，湖北省重点保护鸟类有50种。

赤壁市湿地中，黄盖湖湿地有鸟类16目45科137种，其中，国家Ⅰ级重点保护鸟类有白鹤和黑鹳2种，国家Ⅱ级重点保护鸟类有17种，包括白琵鹭（*Platalea leucorodia*）、小天鹅（*Cygnus columbianus*）、鸿雁（*Anser cygnoides*）、白额雁（*Anser albifrons*）、小白额雁（*Anser erythropus*）、棉凫（*Nettapus coromandelianus*）、水雉（*Hydrophasianus chirurgus*）、鸳鸯（*Aix galericulata*）、普通鵟（*Buteo japonicus*）、草鸮（*Tyto longimembris*）、云雀（*Alauda arvensis*）、黑鸢（*Milvus migrans*）、游隼（*Falco peregrinus*）、蓝喉歌鸲（*Luscinia svecica*）、画眉（*Garrulax canorus*）、白胸翡翠（*Halcyon smyrnensis*）、小鸦鹃（*Centropus bengalensis*）。

赤壁市湿地中，以雀形目鸟类最多，共94种，占总数的51.09%，其次为鸽形目，有20种，占总数的10.87%，再次为雁形目，有13种，占总数的7.07%。

赤壁市湿地具体鸟类名录见表3-9。

表3-9 赤壁市湿地鸟类名录

编号	目	科	种	红色名录	保护级别	区系	生态类型	居留型
1	鸡形目 Galliformes	雉科 Phasianidae	灰胸竹鸡 *Bambusicola thoracicus*	LC	HB	C	L	R
2	鸡形目 Galliformes	雉科 Phasianidae	白颈长尾雉 *Syrmaticus ellioti*	LC	Ⅰ	C	L	R

续表

编号	目	科	种	红色名录	保护级别	区系	生态类型	居留型
3	鸡形目 Galliformes	雉科 Phasianidae	环颈雉 *Phasianus colchicus*	LC	HB	C	L	R
4	雁形目 Anseriformes	鸭科 Anatidae	小天鹅 *Cygnus columbianus*	LC	Ⅱ/HB	P	Y	W
5	雁形目 Anseriformes	鸭科 Anatidae	豆雁 *Anser fabalis*	LC	HB	P	Y	W
6	雁形目 Anseriformes	鸭科 Anatidae	鸿雁 *Anser cygnoides*	VU	Ⅱ/HB	P	Y	W
7	雁形目 Anseriformes	鸭科 Anatidae	灰雁 *Anser anser*	LC	HB	P	Y	W
8	雁形目 Anseriformes	鸭科 Anatidae	赤麻鸭 *Tadorna ferruginea*	LC	HB	C	Y	W
9	雁形目 Anseriformes	鸭科 Anatidae	绿头鸭 *Anas platyrhynchos*	LC	HB	P	Y	R
10	雁形目 Anseriformes	鸭科 Anatidae	斑嘴鸭 *Anas zonorhyncha*	LC		O	Y	R
11	雁形目 Anseriformes	鸭科 Anatidae	棉凫 *Nettapus coromandelianus*	LC	Ⅱ	P	Y	W
12	雁形目 Anseriformes	鸭科 Anatidae	绿翅鸭 *Anas crecca*	LC		P	Y	W
13	雁形目 Anseriformes	鸭科 Anatidae	斑头秋沙鸭 *Mergus albellus*	LC	Ⅱ/HB	P	Y	W
14	雁形目 Anseriformes	鸭科 Anatidae	白额雁 *Anser albifrons*	LC	Ⅱ/HB	P	Y	W
15	雁形目 Anseriformes	鸭科 Anatidae	小白额雁 *Anser erythropus*	LC	Ⅱ/HB	P	Y	W
16	雁形目 Anseriformes	鸭科 Anatidae	鸳鸯 *Aix galericulata*	LC	Ⅱ	P	Y	W

续表

编号	目	科	种	红色名录	保护级别	区系	生态类型	居留型
17	䴙䴘目 Podicipediformes	䴙䴘科 Podicipedidae	小䴙䴘 *Tachybaptus ruficollis*	LC		O	Y	R
18	䴙䴘目 Podicipediformes	䴙䴘科 Podicipedidae	凤头䴙䴘 *Podiceps cristatus*	LC	HB	O	Y	R
19	鸽形目 Columbiformes	鸠鸽科 Columbidae	山斑鸠 *Streptopelia orientalis*	LC		C	L	R
20	鸽形目 Columbiformes	鸠鸽科 Columbidae	珠颈斑鸠 *Streptopelia chinensis*	LC	HB	O	L	R
21	鹃形目 Cuculiformes	杜鹃科 Cuculidae	噪鹃 *Eudynamys scolopaceus*	LC		O	P	S
22	鹃形目 Cuculiformes	杜鹃科 Cuculidae	大鹰鹃 *Hierococcyx sparverioides*	LC		O	P	S
23	鹃形目 Cuculiformes	杜鹃科 Cuculidae	四声杜鹃 *Cuculus micropterus*	LC	HB	O	P	S
24	鹃形目 Cuculiformes	杜鹃科 Cuculidae	中杜鹃 *Cuculus saturatus*	LC		P	P	S
25	鹃形目 Cuculiformes	杜鹃科 Cuculidae	大杜鹃 *Cuculus canorus*	LC	HB	C	P	S
26	鹃形目 Cuculiformes	杜鹃科 Cuculidae	小鸦鹃 *Centropus bengalensis*	LC	II	O	P	S
27	夜鹰目 Caprimulgiformes	夜鹰科 Caprimulgidae	普通夜鹰 *Caprimulgus indicus*	LC	HB	C	P	S
28	鹤形目 Gruiformes	鹤科 Gruidae	白鹤 *Grus leucogeranus*	EN	I	P	Y	W
29	鹤形目 Gruiformes	秧鸡科 Rallidae	黑水鸡 *Gallinula chloropus*	LC	HB	C	S	R
30	鹤形目 Gruiformes	秧鸡科 Rallidae	白骨顶 *Fulica atra*	LC		C	S	W

续表

编号	目	科	种	红色名录	保护级别	区系	生态类型	居留型
31	鸻形目 Charadriiformes	鸻科 Charadriidae	凤头麦鸡 *Vanellus vanellus*	LC	HB	P	S	W
32	鸻形目 Charadriiformes	鸻科 Charadriidae	灰头麦鸡 *Vanellus cinereus*	LC		P	S	P
33	鸻形目 Charadriiformes	鸻科 Charadriidae	长嘴剑鸻 *Charadrius placidus*	NT		P	S	P
34	鸻形目 Charadriiformes	鸻科 Charadriidae	金眶鸻 *Charadrius dubius*	LC		P	S	P
35	鸻形目 Charadriiformes	鸻科 Charadriidae	环颈鸻 *Charadrius alexandrinus*	LC		C	S	P
36	鸻形目 Charadriiformes	水雉科 Jacanidae	水雉 *Hydrophasianus chirurgus*	NT	II/HB	O	S	S
37	鸻形目 Charadriiformes	彩鹬科 Rostratulidae	彩鹬 *Rostratula benghalensis*	LC	HB	C	S	S
38	鸻形目 Charadriiformes	鹬科 Scolopacidae	丘鹬 *Scolopax rusticola*	LC	HB	P	S	W
39	鸻形目 Charadriiformes	鹬科 Scolopacidae	扇尾沙锥 *Gallinago gallinago*	LC		P	S	P
40	鸻形目 Charadriiformes	鹬科 Scolopacidae	大沙锥 *Gallinago megala*	LC		P	S	P
41	鸻形目 Charadriiformes	鹬科 Scolopacidae	鹤鹬 *Tringa erythropus*	LC		P	S	W
42	鸻形目 Charadriiformes	鹬科 Scolopacidae	泽鹬 *Tringa stagnatilis*	LC		P	S	P
43	鸻形目 Charadriiformes	鹬科 Scolopacidae	青脚鹬 *Tringa nebularia*	LC		P	S	P
44	鸻形目 Charadriiformes	鹬科 Scolopacidae	白腰草鹬 *Tringa ochropus*	LC		P	S	P

续表

编号	目	科	种	红色名录	保护级别	区系	生态类型	居留型
45	鸻形目 Charadriiformes	鹬科 Scolopacidae	林鹬 *Tringa glareola*	LC		P	S	P
46	鸻形目 Charadriiformes	鹬科 Scolopacidae	矶鹬 *Actitis hypoleucos*	LC		P	S	P
47	鸻形目 Charadriiformes	燕鸻科 Glareolidae	普通燕鸻 *Glareola maldivarum*	LC		O	S	P
48	鸻形目 Charadriiformes	反嘴鹬科 Recurvirostridae	黑翅长脚鹬 *Himantopus himantopus*	LC		C	S	P
49	鸻形目 Charadriiformes	三趾鹑科 Turnicidae	黄脚三趾鹑 *Turnix tanki*	LC	HB	O	S	W
50	鸻形目 Charadriiformes	鸥科 Laridae	灰翅浮鸥 *Chlidonias hybrida*	LC		P	Y	S
51	鹳形目 Ciconiiformes	鹳科 Ciconiidae	黑鹳 *Ciconia nigra*	VU	I	P	S	W
52	鲣鸟目 Suliformes	鸬鹚科 Phalacrocoracidae	普通鸬鹚 *Phalacrocorax carbo*	LC	HB	C	Y	W
53	鹈形目 Pelecaniformes	鹮科 Threskiorothidae	白琵鹭 *Platalea leucorodia*	LC	II	C	S	W
54	鹈形目 Pelecaniformes	鹭科 Ardeidae	黄斑苇鳽 *Ixobrychus sinensis*	LC		C	S	S
55	鹈形目 Pelecaniformes	鹭科 Ardeidae	夜鹭 *Nycticorax nycticorax*	LC		C	S	S
56	鹈形目 Pelecaniformes	鹭科 Ardeidae	绿鹭 *Butorides striata*	LC		C	S	S
57	鹈形目 Pelecaniformes	鹭科 Ardeidae	牛背鹭 *Bubulcus ibis*	LC		O	S	S
58	鹈形目 Pelecaniformes	鹭科 Ardeidae	池鹭 *Ardeola bacchus*	LC		O	S	S

续表

编号	目	科	种	红色名录	保护级别	区系	生态类型	居留型
59	鹈形目 Pelecaniformes	鹭科 Ardeidae	苍鹭 *Ardea cinerea*	LC	HB	C	S	R
60	鹈形目 Pelecaniformes	鹭科 Ardeidae	大白鹭 *Ardea alba*	LC	HB	C	S	W
61	鹈形目 Pelecaniformes	鹭科 Ardeidae	中白鹭 *Ardea intermedia*	LC	HB	O	S	S
62	鹈形目 Pelecaniformes	鹭科 Ardeidae	白鹭 *Egretta garzetta*	LC	HB	O	S	S
63	鹰形目 Accipitriformes	鹰科 Accipitridae	赤腹鹰 *Accipiter soloensis*	LC	II	O	M	S
64	鹰形目 Accipitriformes	鹰科 Accipitridae	松雀鹰 *Accipiter virgatus*	LC	II	C	M	R
65	鹰形目 Accipitriformes	鹰科 Accipitridae	日本松雀鹰 *Accipiter gularis*	LC	II	P	M	W
66	鹰形目 Accipitriformes	鹰科 Accipitridae	雀鹰 *Accipiter nisus*	LC	II	C	M	R
67	鹰形目 Accipitriformes	鹰科 Accipitridae	白尾鹞 *Circus cyaneus*	NT	II	P	M	R
68	鹰形目 Accipitriformes	鹰科 Accipitridae	黑鸢 *Milvus migrans*	LC	II	C	M	R
69	鹰形目 Accipitriformes	鹰科 Accipitridae	普通鵟 *Buteo japonicus*	LC	II	P	M	W
70	鸮形目 Strigiformes	鸱鸮科 Strigidae	领角鸮 *Otus lettia*	LC	II	O	M	R
71	鸮形目 Strigiformes	鸱鸮科 Strigidae	长耳鸮 *Asio otus*	LC	II	C	M	R
72	鸮形目 Strigiformes	鸱鸮科 Strigidae	短耳鸮 *Asio flammeus*	NT	II	C	M	R

续表

编号	目	科	种	红色名录	保护级别	区系	生态类型	居留型
73	鸮形目 Strigiformes	鸱鸮科 Strigidae	斑头鸺鹠 *Glaucidium cuculoides*	LC	Ⅱ	O	M	R
74	鸮形目 Strigiformes	鸱鸮科 Strigidae	草鸮 *Tyto longimembris*	NT	Ⅱ	O	M	R
75	犀鸟目 Bucerotiformes	戴胜科 Upupidae	戴胜 *Upupa epops*	LC		C	P	R
76	佛法僧目 Coraciiformes	翠鸟科 Alcedinidae	蓝翡翠 *Halcyon pileata*	LC	HB	O	P	S
77	佛法僧目 Coraciiformes	翠鸟科 Alcedinidae	白胸翡翠 *Halcyon smyrnensis*	LC	Ⅱ	P	P	R
78	佛法僧目 Coraciiformes	翠鸟科 Alcedinidae	普通翠鸟 *Alcedo atthis*	LC		C	P	R
79	佛法僧目 Coraciiformes	翠鸟科 Alcedinidae	冠鱼狗 *Megaceryle lugubris*	LC		P	P	R
80	佛法僧目 Coraciiformes	翠鸟科 Alcedinidae	斑鱼狗 *Ceryle rudis*	LC		P	P	R
81	啄木鸟目 Piciformes	啄木鸟科 Picidae	蚁䴕 *Jynx torquilla*	LC	HB	P	P	P
82	啄木鸟目 Piciformes	啄木鸟科 Picidae	斑姬啄木鸟 *Picumnus innominatus*	LC	HB	O	P	R
83	啄木鸟目 Piciformes	啄木鸟科 Picidae	星头啄木鸟 *Dendrocopos canicapillus*	LC	HB	O	P	R
84	啄木鸟目 Piciformes	啄木鸟科 Picidae	大斑啄木鸟 *Dendrocopos major*	LC		C	P	R
85	啄木鸟目 Piciformes	啄木鸟科 Picidae	棕腹啄木鸟 *Dendrocopos hyperythrus*	LC	HB	O	P	P
86	啄木鸟目 Piciformes	啄木鸟科 Picidae	灰头绿啄木鸟 *Picus canus*	LC	HB	C	P	R

续表

编号	目	科	种	红色名录	保护级别	区系	生态类型	居留型
87	隼形目 Falconiformes	隼科 Falconidae	红隼 *Falco tinnunculus*	LC	Ⅱ	C	M	R
88	隼形目 Falconiformes	隼科 Falconidae	红脚隼 *Falco amurensis*	NT	Ⅱ	P	M	P
89	隼形目 Falconiformes	隼科 Falconidae	燕隼 *Falco subbuteo*	LC	Ⅱ	C	M	S
90	隼形目 Falconiformes	隼科 Falconidae	游隼 *Falco peregrinus*	NT	Ⅱ	P	M	R
91	雀形目 Passeriformes	黄鹂科 Oriolidae	黑枕黄鹂 *Oriolus chinensis*	LC		O	MI	S
92	雀形目 Passeriformes	山椒鸟科 Campephagidae	暗灰鹃鵙 *Lalage melaschistos*	LC		O	MI	S
93	雀形目 Passeriformes	山椒鸟科 Campephagidae	小灰山椒鸟 *Pericrocotus cantonensis*	LC	HB	O	MI	S
94	雀形目 Passeriformes	卷尾科 Dicruridae	黑卷尾 *Dicrurus macrocercus*	LC	HB	O	MI	S
95	雀形目 Passeriformes	卷尾科 Dicruridae	灰卷尾 *Dicrurus leucophaeus*	LC		O	MI	S
96	雀形目 Passeriformes	卷尾科 Dicruridae	发冠卷尾 *Dicrurus hottentottus*	LC	HB	O	MI	S
97	雀形目 Passeriformes	伯劳科 Laniidae	红尾伯劳 *Lanius cristatus*	LC	HB	P	MI	S
98	雀形目 Passeriformes	伯劳科 Laniidae	虎纹伯劳 *Lanius tigrinus*	LC	HB	P	MI	S
99	雀形目 Passeriformes	伯劳科 Laniidae	棕背伯劳 *Lanius schach*	LC		O	MI	R
100	雀形目 Passeriformes	伯劳科 Laniidae	楔尾伯劳 *Lanius sphenocercus*	LC		P	MI	P

续表

编号	目	科	种	红色名录	保护级别	区系	生态类型	居留型
101	雀形目 Passeriformes	鸦科 Corvidae	灰喜鹊 *Cyanopica cyanus*	LC	HB	P	MI	R
102	雀形目 Passeriformes	鸦科 Corvidae	红嘴蓝鹊 *Urocissa erythrorhyncha*	LC	HB	O	MI	R
103	雀形目 Passeriformes	鸦科 Corvidae	喜鹊 *Pica pica*	LC	HB	C	MI	R
104	雀形目 Passeriformes	鸦科 Corvidae	小嘴乌鸦 *Corvus corone*	LC		P	MI	R
105	雀形目 Passeriformes	鸦科 Corvidae	白颈鸦 *Corvus pectoralis*	NT	HB	O	MI	R
106	雀形目 Passeriformes	鸦科 Corvidae	大嘴乌鸦 *Corvus macrorhynchos*	LC	HB	P	MI	R
107	雀形目 Passeriformes	山雀科 Paridae	黄腹山雀 *Pardaliparus venustulus*	LC		O	MI	R
108	雀形目 Passeriformes	山雀科 Paridae	大山雀 *Parus cinereus*	LC	HB	C	MI	R
109	雀形目 Passeriformes	山雀科 Paridae	绿背山雀 *Parus monticolus*	LC		P	MI	W
110	雀形目 Passeriformes	百灵科 Alaudidae	小云雀 *Alauda gulgula*	LC		O	MI	R
111	雀形目 Passeriformes	百灵科 Alaudidae	云雀 *Alauda arvensis*	LC	Ⅱ/HB	O	MI	W
112	雀形目 Passeriformes	扇尾莺科 Cisticolidae	棕扇尾莺 *Cisticola juncidis*	LC		O	MI	R
113	雀形目 Passeriformes	扇尾莺科 Cisticolidae	纯色山鹪莺 *Prinia inornata*	LC		O	MI	R
114	雀形目 Passeriformes	燕科 Hirundinidae	崖沙燕 *Riparia riparia*	LC		P	MI	P

续表

编号	目	科	种	红色名录	保护级别	区系	生态类型	居留型
115	雀形目 Passeriformes	燕科 Hirundinidae	家燕 *Hirundo rustica*	LC	HB	C	MI	S
116	雀形目 Passeriformes	燕科 Hirundinidae	金腰燕 *Cecropis daurica*	LC	HB	C	MI	S
117	雀形目 Passeriformes	燕科 Hirundinidae	淡色崖沙燕 *Riparia diluta*	LC		P	MI	S
118	雀形目 Passeriformes	鹎科 Pycnonotidae	领雀嘴鹎 *Spizixos semitorques*	LC		O	MI	R
119	雀形目 Passeriformes	鹎科 Pycnonotidae	黄臀鹎 *Pycnonotus xanthorrhous*	LC		O	MI	R
120	雀形目 Passeriformes	鹎科 Pycnonotidae	白头鹎 *Pycnonotus sinensis*	LC		O	MI	R
121	雀形目 Passeriformes	鹎科 Pycnonotidae	绿翅短脚鹎 *Ixos mcclellandii*	LC		O	MI	W
122	雀形目 Passeriformes	鹎科 Pycnonotidae	黑短脚鹎 *Hypsipetes leucocephalus*	LC		O	MI	S
123	雀形目 Passeriformes	柳莺科 Phylloscopidae	褐柳莺 *Phylloscopus fuscatus*	LC		P	MI	P
124	雀形目 Passeriformes	柳莺科 Phylloscopidae	黄腰柳莺 *Phylloscopus proregulus*	LC		C	MI	P
125	雀形目 Passeriformes	柳莺科 Phylloscopidae	黄眉柳莺 *Phylloscopus inornatus*	LC		P	MI	P
126	雀形目 Passeriformes	树莺科 Cettiidae	棕脸鹟莺 *Abroscopus albogularis*	LC		O	MI	R
127	雀形目 Passeriformes	树莺科 Cettiidae	强脚树莺 *Horornis fortipes*	LC		O	MI	R
128	雀形目 Passeriformes	长尾山雀科 Aegithalidae	银喉长尾山雀 *Aegithalos glaucogularis*	LC		P	MI	R

续表

编号	目	科	种	红色名录	保护级别	区系	生态类型	居留型
129	雀形目 Passeriformes	长尾山雀科 Aegithalidae	红头长尾山雀 *Aegithalos concinnus*	LC		O	MI	R
130	雀形目 Passeriformes	莺鹛科 Sylviidae	棕头鸦雀 *Sinosuthora webbiana*	LC		O	MI	R
131	雀形目 Passeriformes	莺鹛科 Sylviidae	灰头鸦雀 *Psittiparus gularis*	LC		O	MI	R
132	雀形目 Passeriformes	绣眼鸟科 Zosteropidae	栗耳凤鹛 *Yuhina castaniceps*	LC		O	MI	R
133	雀形目 Passeriformes	绣眼鸟科 Zosteropidae	暗绿绣眼鸟 *Zosterops japonicus*	LC		O	MI	R
134	雀形目 Passeriformes	林鹛科 Timaliidae	红头穗鹛 *Cyanoderma ruficeps*	LC		O	MI	R
135	雀形目 Passeriformes	林鹛科 Timaliidae	棕颈钩嘴鹛 *Pomatorhinus ruficollis*	LC		O	MI	R
136	雀形目 Passeriformes	噪鹛科 Leiothrichidae	黑脸噪鹛 *Garrulax perspicillatus*	LC		O	MI	R
137	雀形目 Passeriformes	噪鹛科 Leiothrichidae	白颊噪鹛 *Garrulax sannio*	LC		O	MI	R
138	雀形目 Passeriformes	噪鹛科 Leiothrichidae	画眉 *Garrulax canorus*	LC	II	O	MI	R
139	雀形目 Passeriformes	椋鸟科 Sturnidae	八哥 *Acridotheres cristatellus*	LC	HB	O	MI	R
140	雀形目 Passeriformes	椋鸟科 Sturnidae	丝光椋鸟 *Spodiopsar sericeus*	LC	HB	O	MI	R
141	雀形目 Passeriformes	椋鸟科 Sturnidae	灰椋鸟 *Spodiopsar cineraceus*	LC		P	MI	R
142	雀形目 Passeriformes	鸫科 Turdidae	虎斑地鸫 *Zoothera aurea*	LC		P	MI	P

续表

编号	目	科	种	红色名录	保护级别	区系	生态类型	居留型
143	雀形目 Passeriformes	鸫科 Turdidae	白眉地鸫 *Geokichla sibirica*	LC		P	MI	P
144	雀形目 Passeriformes	鸫科 Turdidae	乌鸫 *Turdus mandarinus*	LC	HB	P	MI	R
145	雀形目 Passeriformes	鸫科 Turdidae	灰背鸫 *Turdus hortulorum*	LC		P	MI	W
146	雀形目 Passeriformes	鸫科 Turdidae	乌灰鸫 *Turdus cardis*	LC		C	MI	S
147	雀形目 Passeriformes	鸫科 Turdidae	斑鸫 *Turdus eunomus*	LC		O	MI	W
148	雀形目 Passeriformes	鸫科 Turdidae	红尾斑鸫 *Turdus naumanni*	LC		P	MI	W
149	雀形目 Passeriformes	鹟科 Muscicapidae	蓝矶鸫 *Monticola solitarius*	LC		P	MI	P
150	雀形目 Passeriformes	鹟科 Muscicapidae	红喉歌鸲 *Calliope calliope*	LC	Ⅱ	P	MI	P
151	雀形目 Passeriformes	鹟科 Muscicapidae	蓝喉歌鸲 *Luscinia svecica*	LC	Ⅱ	P	MI	P
152	雀形目 Passeriformes	鹟科 Muscicapidae	红胁蓝尾鸲 *Tarsiger cyanurus*	LC		P	MI	W
153	雀形目 Passeriformes	鹟科 Muscicapidae	鹊鸲 *Copsychus saularis*	LC		O	MI	R
154	雀形目 Passeriformes	鹟科 Muscicapidae	北红尾鸲 *Phoenicurus auroreus*	LC		P	MI	W
155	雀形目 Passeriformes	鹟科 Muscicapidae	红尾水鸲 *Rhyacornis fuliginosa*	LC		O	MI	R

续表

编号	目	科	种	红色名录	保护级别	区系	生态类型	居留型
156	雀形目 Passeriformes	鹟科 Muscicapidae	白顶溪鸲 *Chaimarrornis leucocephalus*	LC		O	MI	W
157	雀形目 Passeriformes	鹟科 Muscicapidae	黑喉石鹛 *Saxicola maurus*	LC		C	MI	P
158	雀形目 Passeriformes	鹟科 Muscicapidae	东亚石鹛 *Saxicola stejnegeri*	LC		O	MI	P
159	雀形目 Passeriformes	鹟科 Muscicapidae	红喉姬鹟 *Ficedula albicilla*	LC		O	MI	P
160	雀形目 Passeriformes	鹟科 Muscicapidae	北灰鹟 *Muscicapa dauurica*	LC		P	MI	P
161	雀形目 Passeriformes	梅花雀科 Estrildidae	白腰文鸟 *Lonchura striata*	LC		O	MI	R
162	雀形目 Passeriformes	梅花雀科 Estrildidae	斑文鸟 *Lonchura punctulata*	LC		O	MI	R
163	雀形目 Passeriformes	雀科 Passeridae	山麻雀 *Passer cinnamomeus*	LC		O	MI	R
164	雀形目 Passeriformes	雀科 Passeridae	麻雀 *Passer montanus*	LC		C	MI	R
165	雀形目 Passeriformes	鹡鸰科 Motacillidae	灰鹡鸰 *Motacilla cinerea*	LC		P	MI	P
166	雀形目 Passeriformes	鹡鸰科 Motacillidae	白鹡鸰 *Motacilla alba*	LC		C	MI	R
167	雀形目 Passeriformes	鹡鸰科 Motacillidae	黄头鹡鸰 *Motacilla citreola*	LC		P	MI	P
168	雀形目 Passeriformes	鹡鸰科 Motacillidae	田鹨 *Anthus richardi*	LC		P	MI	P

第 3 章 赤壁市湿地动物多样性

续表

编号	目	科	种	红色名录	保护级别	区系	生态类型	居留型
169	雀形目 Passeriformes	鹡鸰科 Motacillidae	树鹨 *Anthus hodgsoni*	LC		P	MI	P
170	雀形目 Passeriformes	鹡鸰科 Motacillidae	粉红胸鹨 *Anthus roseatus*	LC		P	MI	W
171	雀形目 Passeriformes	鹡鸰科 Motacillidae	黄腹鹨 *Anthus rubescens*	LC		P	MI	W
172	雀形目 Passeriformes	鹡鸰科 Motacillidae	水鹨 *Anthus spinoletta*	LC		P	MI	W
173	雀形目 Passeriformes	燕雀科 Fringillidae	燕雀 *Fringilla montifringilla*	LC		P	MI	W
174	雀形目 Passeriformes	燕雀科 Fringillidae	黑尾蜡嘴雀 *Eophona migratoria*	LC		P	MI	R
175	雀形目 Passeriformes	燕雀科 Fringillidae	金翅雀 *Chloris sinica*	LC		P	MI	R
176	雀形目 Passeriformes	燕雀科 Fringillidae	黄雀 *Spinus spinus*	LC		P	MI	W
177	雀形目 Passeriformes	鹀科 Emberizidae	三道眉草鹀 *Emberiza cioides*	LC		P	MI	R
178	雀形目 Passeriformes	鹀科 Emberizidae	栗耳鹀 *Emberiza fucata*	LC		P	MI	P
179	雀形目 Passeriformes	鹀科 Emberizidae	小鹀 *Emberiza pusilla*	LC		P	MI	W
180	雀形目 Passeriformes	鹀科 Emberizidae	黄眉鹀 *Emberiza chrysophrys*	LC		P	MI	P
181	雀形目 Passeriformes	鹀科 Emberizidae	田鹀 *Emberiza rustica*	LC		P	MI	W
182	雀形目 Passeriformes	鹀科 Emberizidae	黄喉鹀 *Emberiza elegans*	LC		P	MI	P

续表

编号	目	科	种	红色名录	保护级别	区系	生态类型	居留型
183	雀形目 Passeriformes	鹀科 Emberizidae	灰头鹀 *Emberiza spodocephala*	LC		P	MI	W
184	雀形目 Passeriformes	鹀科 Emberizidae	苇鹀 *Emberiza pallasi*	LC		P	MI	W

注："保护级别"中，"Ⅰ"表示国家Ⅰ级，"Ⅱ"表示国家Ⅱ级，"HB"表示湖北省级；"区系"中，"O"表示东洋种，"P"表示古北种，"C"表示广布种；"红色名录"中，"LC"表示无危，"NT"表示近危，"VU"表示易危，"EN"表示濒危；"生态类型"中，"Y"表示游禽，"S"表示涉禽，"P"表示攀禽，"M"表示猛禽，"L"表示陆禽，"MI"表示鸣禽；"居留型"中，"R"表示留鸟，"S"表示夏候鸟，"W"表示冬候鸟，"P"表示旅鸟。

3.6.2 鸟类生态类型

按生活习性的不同，可以将赤壁市湿地内184种鸟类划分为以下6类。

（1）游禽类：嘴扁平而阔或尖，有些种类尖端有钩或嘴甲。脚短而具蹼，善于游泳。在湿地鸟类中，包括䴙䴘目、鹈形目、雁形目、鸻形目鸥科和燕鸥科所有种类，本区域内代表种类有小天鹅（*Cygnus columbianus*）、鸿雁（*Anser cygnoides*）、斑头秋沙鸭（*Mergus albellus*）、小䴙䴘（*Tachybaptus rufiollis*）、普通鸬鹚（*Phalacrocorax carbo*）、灰翅浮鸥（*Chlidonias hybrida*）等，共25种。

（2）涉禽类：嘴长而直，脚及趾特长，蹼不发达，涉走浅水中。在湿地分布的鸟类中，包括鹳形目、鹤形目、鸻形目（除鸥科和燕鸥科外）的所有种类，代表种类有白鹤（*Grus leucogeranus*）、黑鹳（*Ciconia nigra*）、苍鹭（*Ardea cinerea*）、白鹭（*Egretta garzetta*）、黑水鸡（*Gallinula chloropus*）、骨顶鸡（*Fulica atra*）、反嘴鹬（*Recurvirostra avosetta*）、青脚鹬（*Tringa nebularia*）、凤头麦鸡（*Vanellus vanellus*）、金眶鸻（*Charadrius dubius*）等，共34种。

（3）猛禽类：具有弯曲如钩的锐利嘴和爪，翅膀强大有力，能在天空翱翔或滑翔，捕食空中或地下活的猎物，包括隼形目、鸮形目的所有种类。代表种类有黑鸢（*Milvus migrans*)、游隼（*Falco peregrinus*），共10种。

（4）陆禽类：体格结实，嘴坚硬，脚强而有力，适于挖土，多在地面活动觅食。栖息生境多样，广布于农田、乔木林、灌丛草地等生境，以草籽等植物性食物为食。在湿地鸟类中，包括鸡形目和鸽形目的所有种类。代表种类有环颈雉（*Phasianus colchicus*）、灰胸竹鸡（*Bambusicola thoracica*）、白颈长尾雉（*Syrmaticus ellioti*），共3种。

（5）攀禽类：嘴、脚和尾的构造都很特殊，善于在树上攀缘。在湿地鸟类中，包括鹃形目、佛法僧目、犀鸟目、啄木鸟目的所有种类，代表种类有四声杜鹃（*Cuculus micropterus*）、小鸦鹃（*Centropus bengalensis*）、普通翠鸟（*Alcedo atthis*）、戴胜（*Upupa epops*）、大斑啄木鸟（*Dendrocopos major*）等，共19种。

（6）鸣禽类：鸣管和鸣肌特别发达。一般体型较小，体态轻捷，活泼灵巧，善于鸣叫和歌唱，且巧于筑巢，包括雀形目所有种类，种类繁多。代表种类有棕背伯劳（*Lanius schach*）、黑枕黄鹂（*Oriolus chinensis*）、黑卷尾（*Dicrurus macrocercus*）、八哥（*Acridotheres cristatellus*）和红嘴蓝鹊（*Urocissa erythrorhyncha*）等，共93种。

3.6.3 国家重点保护鸟类

赤壁市湿地全域鸟类共计18目49科184种，其中，国家Ⅰ级重点保护鸟类有3种，即白鹤（*Grus leucogeranus*）、黑鹳（*Ciconia nigra*）、白颈长尾雉（*Syrmaticus ellioti*）；国家Ⅱ级重点保护鸟类有31种，分别为小天鹅（*Cygnus columbianus*）、鸿雁（*Anser cygnoides*）、棉凫（*Nettapus coromandelianus*）、斑头秋沙鸭（*Mergus albellus*）、白额雁（*Anser albifrons*）、小白额雁（*Anser erythropus*）、鸳鸯（*Aix galericulata*）、小鸦鹃（*Centropus bengalensis*）、水雉（*Hydrophasianus chirurgus*）、白琵鹭（*Platalea leucorodia*）、赤腹鹰（*Accipiter soloensis*）、松雀鹰（*Accipiter virgatus*）、日本松雀鹰（*Accipiter gularis*）、雀鹰（*Accipiter nisus*）、白尾鹞（*Circus cyaneus*）、普通鵟（*Buteo japonicus*）、黑鸢（*Milvus migrans*）、领角鸮（*Otus lettia*）、长耳鸮（*Asio otus*）、短耳鸮（*Asio flammeus*）、斑头鸺鹠（*Glaucidium cuculoides*）、草鸮（*Tyto longimembris*）、白胸翡翠（*Halcyon smyrnensis*）、红隼（*Falco tinnunculus*）、红脚隼（*Falco amurensis*）、燕隼（*Falco subbuteo*）、游隼（*Falco peregrinus*）、云雀（*Alauda arvensis*）、画眉（*Garrulax canorus*）、红喉歌鸲（*Calliope calliope*）、蓝喉歌鸲（*Luscinia svecica*）。

赤壁市湿地有湖北省重点保护鸟类 50 种（详见表 3-9 中标注为"HB"的种类）。

此外，黄盖湖湿地鸟类共计 16 目 45 科 137 种，国家 I 级重点保护鸟类有白鹤和黑鹳 2 种，国家 II 级重点保护鸟类有 17 种，包括白琵鹭、小天鹅、鸿雁、白额雁、小白额雁、棉凫、水雉、鸳鸯、普通鵟、草鸮、云雀、黑鸢、游隼、蓝喉歌鸲、画眉、白胸翡翠、小鸦鹃。

黄盖湖候鸟群（一）（引自"黄盖之家"）

第 3 章 赤壁市湿地动物多样性

黄盖湖候鸟群（二）（引自"黄盖之家"）

黄盖湖候鸟群（三）

第 3 章 赤壁市湿地动物多样性

赤壁市湿地部分代表性鸟类图片如下：

白鹤

小天鹅

第 3 章 赤壁市湿地动物多样性

白琵鹭

普通鸬鹚

第 3 章 赤壁市湿地动物多样性

灰雁（一）

灰雁（二）

第 3 章 赤壁市湿地动物多样性

赤麻鸭

戴胜

第 3 章 赤壁市湿地动物多样性

斑鱼狗

苍鹭

第 3 章　赤壁市湿地动物多样性

针尾鸭

凤头䴙䴘

第3章 赤壁市湿地动物多样性

小䴙䴘

红嘴鸥

第 3 章 赤壁市湿地动物多样性

水雉（雄鸟）

水雉（雌鸟）

第 3 章 赤壁市湿地动物多样性

斑嘴鸭（一）

斑嘴鸭（二）

灰翅浮鸥

反嘴鹬

第 3 章　赤壁市湿地动物多样性

普通麦鸡

黑翅长脚鹬

北红尾鸲

雀鸲

第 3 章 赤壁市湿地动物多样性

红胁蓝尾鸲

绿背山雀

3.7 兽类多样性

赤壁市湿地共发现有 13 种兽类，具体名录详见表 3-10。根据兽类生活习性的不同，可以将 13 种兽类分为以下 3 种生态类型：

（1）半地下生活型：栖息于湿地内树林、灌丛和农田等地下，在地面捕食。代表种类有草兔（*Lepus capensis aurigineus*）、褐家鼠（*Rattus norvegicus*）、黄胸鼠（*Rattus tanezumi*）、小家鼠（*Mus musculus*）、北社鼠（*Niviventer confucianus*）、东方田鼠（*Microtus fortis*）、黄鼬（*Mustela sibirica*）、猪獾（*Arctonyx collaris*）、狗獾（*Meles meles*）和鼬獾（*Melogale moschata*），共 10 种。

（2）树栖型：栖息于评价区的山区树林中。代表种类有岩松鼠（*Sciurotamias davidianus*）和隐纹花松鼠（*Tamiops swinhoei*），共 2 种。

（3）地面生活型：栖息于树林及灌丛，主要在地面活动。代表种类有野猪（*Sus scrofa*），共 1 种。

赤壁市湿地 13 种兽类中，湖北省重点保护动物有 3 种，即猪獾、狗獾和鼬獾。

表 3-10 赤壁市湿地兽类名录

目、科、种名	生境及习性	区系类型	数量	保护级别
一、兔形目 LAGOMORPHA				
（一）兔科 Leporidae				
1. 草兔 *Lepus capensis aurigineus*	主要栖息于农田或农田附近沟渠两岸的灌丛、草丛、山坡灌丛及林缘	广布种	++	未列入
二、啮齿目 RODENTIA				
（二）松鼠科 Sciuridae				
2. 岩松鼠 *Sciurotamias davidianus*	主要栖息于山地、丘陵等多岩石地区，半树栖半地栖	古北种	++	未列入
3. 隐纹花松鼠 *Tamiops swinhoei*	栖息于山地草坡、灌木丛及树林中	古北种	+	未列入

续表

目、科、种名	生境及习性	区系类型	数量	保护级别
（三）鼠科 Muridae				
4. 褐家鼠 *Rattus norvegicus*	栖息生境十分广泛，多与人伴居，仓库、厨房、荒野等地均可生存	东洋种	+++	未列入
5. 黄胸鼠 *Rattus tanezumi*	多于住房、仓库内挖洞穴居	东洋种	++	未列入
6. 小家鼠 *Mus musculus*	喜栖息于住宅、仓库以及田野、林地等处	广布种	++	未列入
7. 北社鼠 *Niviventer confucianus*	喜栖息于山地及丘陵地带的各种林区及灌木丛中，也栖息于农田、茶园及杂草丛中，具有广泛的生活环境	东洋种	+	未列入
（四）仓鼠科 Cricetidae				
8. 东方田鼠 *Microtus fortis*	栖息于稻田、沙边林地	广布种	++	未列入
三、食肉目 CARNIVORA				
（五）鼬科 Mustelidae				
9. 黄鼬 *Mustela sibirica*	栖息环境极其广泛，常见于森林林缘、灌丛、沼泽、河谷、丘陵和平原等地	广布种	+	未列入
10. 猪獾 *Arctonyx collaris*	穴居于岩石裂缝、树洞和土洞中，亦侵占其他兽穴，夜行性，食性庞杂	广布种	+	省级
11. 狗獾 *Meles meles*	栖息于森林、灌丛、荒野、草丛及湖泊堤岸等生境，性好洁，穴居	广布种	++	省级
12. 鼬獾 *Melogale moschata*	一般栖息于海拔 1000 米以下的树林草丛、土丘、石缝、土穴中	东洋种	+	省级
四、偶蹄目 ARTIODACTYLA				
（六）猪科 Suidae				
13. 野猪 *Sus scrofa*	主要栖息于阔叶林、针阔混交林，也出没于林缘耕地	广布种	++	未列入

3.8 国家重点保护野生动物

湖北省赤壁市湿地内有国家重点保护野生动物共计38种。其中，国家Ⅰ级重点保护野生动物3种，即白鹤、黑鹳、白颈长尾雉；国家Ⅱ级重点保护野生动物共计35种，其中包括前文3.6.3节所介绍的国家Ⅱ级重点保护鸟类31种，即小天鹅、鸿雁、棉凫、斑头秋沙鸭、白额雁、小白额雁、鸳鸯、小鸦鹃、水雉、白琵鹭、赤腹鹰、松雀鹰、日本松雀鹰、雀鹰、白尾鹞、普通鵟、黑鸢、领角鸮、长耳鸮、短耳鸮、斑头鸺鹠、草鸮、白胸翡翠、红隼、红脚隼、燕隼、游隼、云雀、画眉、红喉歌鸲、蓝喉歌鸲。此外，赤壁市湿地还有国家Ⅱ级重点保护鱼类1种，即胭脂鱼；国家Ⅱ级重点保护两栖爬行类3种，即虎纹蛙、中华鳖、乌龟。

赤壁市湿地国家重点保护野生动物名录详见表3-11。

表3-11 赤壁市湿地国家重点保护野生动物名录

中文名、拉丁名	生境	数量	保护等级
1. 白鹤 *Grus leucogeranus*	多栖息于开阔沼泽岸边，常见于黄盖湖湿地湖泊浅滩水域	+	国家Ⅰ级
2. 黑鹳 *Ciconia nigra*	多栖息于开阔沼泽岸边，偶见于黄盖湖湿地湖泊浅滩水域	+	国家Ⅰ级
3. 白颈长尾雉 *Syrmaticus ellioti*	多栖息于丛林边缘开阔地带或灌丛处，偶见于陆水湖森林公园浅滩林草边缘处	+	国家Ⅰ级
4. 白琵鹭 *Platalea leucorodia*	栖息于开阔平原和山地丘陵的河流、湖泊、水库沿岸及浅滩处等生境	++	国家Ⅱ级
5. 小天鹅 *Cygnus columbianus*	栖息于黄盖湖湿地湖泊、水库、池塘湿地中	+++	国家Ⅱ级
6. 鸿雁 *Anser cygnoides*	栖息于黄盖湖湿地多挺水植物的湖泊、水库和池塘中	++	国家Ⅱ级
7. 棉凫 *Nettapus coromandelianus*	栖息于江河、湖泊、水塘和沼泽地带	+	国家Ⅱ级

续表

中文名、拉丁名	生境	数量	保护等级
8. 斑头秋沙鸭 *Mergus albellus*	栖息于黄盖湖湿地开阔湖泊、水库和池塘中	+	国家Ⅱ级
9. 白额雁 *Anser albifrons*	栖息于黄盖湖湿地开阔湖泊、水库和池塘中	++	国家Ⅱ级
10. 小白额雁 *Anser erythropus*	栖息于黄盖湖湿地开阔湖泊、水库和池塘中	+	国家Ⅱ级
11. 鸳鸯 *Aix galericulata*	栖息于多挺水植物的湖泊、水库和池塘中	+	国家Ⅱ级
12. 水雉 *Hydrophasianus chirurgus*	栖息于小型池塘及湖泊旁	+	国家Ⅱ级
13. 云雀 *Alauda arvensis*	栖息于较开阔的草地、水岸边	+	国家Ⅱ级
14. 画眉 *Garrulax canorus*	栖息于山林、库区沿岸林下灌丛	++	国家Ⅱ级
15. 白胸翡翠 *Halcyon smyrnensis*	栖息于库区沿岸、河流、稻田沟渠	+	国家Ⅱ级
16. 小鸦鹃 *Centropus bengalensis*	栖息于灌木丛、沼泽地带及开阔的草地等	+	国家Ⅱ级
17. 黑鸢 *Milvus migrans*	多栖息于开阔平原、丘陵、河流、沼泽以及湖泊沿岸等地带	++	国家Ⅱ级
18. 游隼 *Falco peregrinus*	栖息于丘陵、河流、沼泽以及湖泊沿岸等地带	+	国家Ⅱ级
19. 赤腹鹰 *Accipiter soloensis*	栖息于山地森林和林缘地带、河谷等地	+	国家Ⅱ级
20. 松雀鹰 *Accipiter virgatus*	栖息于山地森林和林缘地带、河谷等地	+	国家Ⅱ级
21. 日本松雀鹰 *Accipiter gularis*	栖息于山地森林和林缘地带、河谷等地	+	国家Ⅱ级

第3章 赤壁市湿地动物多样性

续表

中文名、拉丁名	生境	数量	保护等级
22. 雀鹰 *Accipiter nisus*	栖息于山地森林和林缘地带、河谷等地	+	国家Ⅱ级
23. 白尾鹞 *Circus cyaneus*	栖息于湖泊、河谷、草原、荒野以及低山、林间沼泽、农田耕地、沿海沼泽和芦苇塘等开阔地区	+	国家Ⅱ级
24. 普通鵟 *Buteo japonicus*	常营巢于林缘或森林中高大的树上，尤喜针叶松树	+	国家Ⅱ级
25. 领角鸮 *Otus lettia*	栖息于山地阔叶林和混交林中，也出现于山麓林缘和村居附近	+	国家Ⅱ级
26. 长耳鸮 *Asio otus*	栖息于针叶林、阔叶林等各种类型的森林中，也出现于林缘疏林、农田防护林和城市公园的林地中	+	国家Ⅱ级
27. 短耳鸮 *Asio flammeus*	栖息于低山、丘陵、苔原、荒漠、平原、沼泽、湖岸和草地等各类生境，喜开阔地带	+	国家Ⅱ级
28. 斑头鸺鹠 *Glaucidium cuculoides*	栖息于阔叶林、混交林、次生林和林缘灌丛等地	+	国家Ⅱ级
29. 草鸮 *Tyto longimembris*	喜欢栖息于灌丛或芦苇丛中	+	国家Ⅱ级
30. 红隼 *Falco tinnunculus*	栖息于山地阔叶林和混交林中，也出现于山麓林缘和村居附近	++	国家Ⅱ级
31. 红脚隼 *Falco amurensis*	栖息于山地阔叶林和混交林中，也出现于山麓林缘和村居附近	+	国家Ⅱ级
32. 燕隼 *Falco subbuteo*	栖息于较开阔的草地、水岸边	+	国家Ⅱ级
33. 蓝喉歌鸲 *Luscinia svecica*	喜欢栖息于灌丛或芦苇丛中	+	国家Ⅱ级
34. 红喉歌鸲 *Calliope calliope*	栖息于较开阔的草地、水岸边	+	国家Ⅱ级
35. 胭脂鱼 *Myxocyprinus asiaticus*	一般栖息于水体中下层	+	国家Ⅱ级

续表

中文名、拉丁名	生境	数量	保护等级
36. 虎纹蛙 *Hoplobatrachuschinensis*	栖息于库区沿岸、河流、稻田沟渠	++	国家Ⅱ级
37. 中华鳖 *Pelodiscus sinensis*	栖息于库区沿岸、河流、稻田沟渠	+++	国家Ⅱ级
38. 乌龟 *Mauremys reevesii*	栖息于库区沿岸、河流、稻田沟渠	++	国家Ⅱ级

第 4 章

以黄盖湖为例的湿地景观资源及建设

4.1 黄盖湖湿地景观

湖北省黄盖湖湿地位于赤壁市余家桥乡和黄盖湖农场（即黄盖湖镇）。

近年来，赤壁市将所辖的黄盖湖作为湿地保护修复的重点区域，积极争取各级财政资金支持，持续推进黄盖湖湿地生态保护修复重点工程项目实施，大力推进管护能力建设，安装了管理保护标桩标杆和宣教标识标牌设施，包括候鸟保护标识、保护范围标牌、禁止进入警示牌、公告牌、标示等，并计划实时合理设置、建设一些监测站、巡护站点及救助站点等。

近 5 年来，在黄盖湖丰富的生物多样性记载中，鸟类几乎占据了头版，以冬候鸟为例，2021 年冬季，到黄盖湖地区越冬的水鸟数量多达 5 万只。如今，冬春交替之际，正是冬候鸟迁徙的高峰期，无论是宽广无垠的水面，还是水泽滩涂间，我们都能找到群鸟的身影。黄盖湖丰富的水鸟资源和高度的物种稀有性保护价值，已经引起专家学者们和地方老百姓的高度关注。

但是，2017 年以前的黄盖湖，处处是渔民的围网、围栏、渔网和渔船，人为干扰度高，冬候鸟稀少。2017 年 1 月，根据赤壁市委、市政府工作安排，陆水湖国家湿地公园管理处与赤壁市林业局正式分离，成为赤壁市首个湿地保护专业机构，并接手黄盖湖的拆围和湿地恢复等保护性工作，在赤壁市政府、余家桥乡政府等多个部门和地方群众的勠力同心下，截至 2017 年 11 月 6 日，黄盖湖已拆除围网围栏 5 处，拆除面积达 9487 亩，拆除网箱 3235 个，拆除迷魂阵 1008 部。站在新时代的历史起点，如今的黄盖湖已然恢复了它应有的宁静和妩媚，那种千帆竞发、渔歌晚唱的情景，随着生态建设的滚滚大潮，已一去不返。今天的黄盖湖，湖面宽广，岸线绵长，洲山岛屿、自然滩涂和湖泊水面美不胜收，在冬去春来、水涨水落的轮回中，展现出幻妙无穷的美丽生态画卷。

现如今，站在黄盖湖大堤上，看苍茫大地，绿色掩映的红瓦白墙，全部是低矮的平房。原黄盖湖农场所辖村庄，其建筑都是原农场规划建设的平房，零零星星，这里一栋，那里一栋，三五户聚居在一个地方，没有规模聚居建筑群，也没有楼房。这种建筑格局、居住方式，亦与黄盖湖的历史有关。来自五湖四海的农场职工，一代一代大浪淘沙后，留下来的，就是正式农民身份的种田人，每个人都有故乡情怀。黄盖湖的种田人，故乡在千里之外、百里之遥，有了钱，他们就回故乡建房，或者在城里买房子。黄盖湖的村民，到了退休年龄，就可以拿社保退休工资。黄盖湖的村民，不仅老有所养，生活有保障，种植也有保障，只管种不管销，可以无忧无虑地种植。黄盖湖的村民，是幸福的种田人。

黄盖湖湿地（引自"黄盖之家"，摄于2021年）

第 4 章　以黄盖湖为例的湿地景观资源及建设

黄盖湖湿地——黄盖咀湖滩（一）（引自"黄盖之家"，摄于 2022 年 6 月）

黄盖湖湿地——黄盖咀湖滩（二）（引自"黄盖之家"，摄于 2016 年 2 月）

第 4 章 以黄盖湖为例的湿地景观资源及建设

黄盖咀外湖滩（引自"黄盖之家"，摄于 2022 年 6 月）

黄盖湖湿地航拍图（摄于 2022 年 9 月）

第4章 以黄盖湖为例的湿地景观资源及建设

黄盖湖湿地鸭棚口滩涂雪景（引自"黄盖之家"，摄于2022年2月）

黄盖湖，烟波浩渺，鸟翔鱼跃，滩涂碧草茂盛，野花娇艳，尤当霞抹日罩，云遮雾涌时，美如幻境。外堤樟青桂绿，蛙鸣雀飞，万顷稻浪，千亩荷莲，更有丰收时节，一张张幸福的笑脸，与丰裕大地互为映衬。

4.1.1 河流湿地景观

东港湖介绍：东港湖是黄盖湖的一个分支湖汊，东港湖位于潘河入黄盖湖口处的一个冲积平原，由余家桥乡围垦而成，被一条防洪大堤与黄盖湖分隔开来。东港湖位于黄盖湖的东边，且三面环山，这里是天然的避风港湾，也是被称为东港湖的原因。这里受到湿冷气流的影响较小，所以天鹅等候鸟喜欢在这里过冬。由于国家对黄盖湖生态资源的保护及还垸归湖的策略，东港湖这里没有人为活动，再加上东港湖水浅且湖草、野藕、小鱼、小虾等食物众多，是一个天然的湿地区，非常适合从北方来的天鹅等候鸟在这里生活过冬。

第 4 章 以黄盖湖为例的湿地景观资源及建设

黄盖湖湿地景观（摄于 2021 年 11 月）

黄盖湖湿地堤岸景观（摄于 2021 年 11 月）

第 4 章 以黄盖湖为例的湿地景观资源及建设

黄盖湖湿地鸭棚口河（摄于 2022 年）

鸭棚口河与黄盖湖大堤——黄泥湖村段（摄于 2022 年）

鸭棚口河，又称黄盖河、黄盖湖河，有时也称潘河水系、蟠河水系，是连通黄盖湖与长江的一条河流，全长 12.5 千米，是湖北黄盖湖与湖南黄盖湖的界河。

第 4 章　以黄盖湖为例的湿地景观资源及建设

鸭棚口河与黄盖湖大堤——原机农村河段（摄于 2022 年）

东港湖垸大堤（摄于 2022 年）

第 4 章　以黄盖湖为例的湿地景观资源及建设

鸭棚口河黄盖湖出水口——太平口段

鸭棚口河黄盖湖出水口——汇入长江

4.1.2 沼泽风光

黄盖湖湿地沼泽风光（一）

黄盖湖湿地沼泽风光（二）

4.1.3 湿地鸟类

黄盖湖鸿雁群

黄盖湖小天鹅群

第4章　以黄盖湖为例的湿地景观资源及建设

东港湖垸候鸟栖息地航拍图

4.2　黄盖湖人文景观

近年来，赤壁市陆水湖国家湿地公园管理处多次组织了对湿地周边社区群众和护湿员的科普培训工作，建立了宣传与教育相结合、室内与户外相结合、专业与趣味相结合的宣教体系。结合世界湿地日、野生动物宣传月、爱鸟周等节日，开展黄盖湖湿地保护管理的宣传，有效增强了黄盖湖湿地周边社区群众对湿地保护、候鸟保护的意识，激发了群众参与保护的热情，营造了人人参与湿地保护，人人共享湿地保护成果的良好氛围。

目前，黄盖湖湿地周边分布有得天独厚的旅游资源，其中一些资源已被开发为旅游景点，并初具规模。依托黄盖湖优美的湖泊湿地、乡村田园等多样化的景观类型，开展特色性、生态性、知识性，同时强调游览体验的观光休闲类产品，以满足现代大众型游客亲近自然、回归自然、放松身心的需求。主要湿地旅游活动包括观鸟游、黄盖湖湿地景观游、黄盖湖岸线徒步游等。观鸟游主要是观赏不同季节生活在黄盖湖湿地公园的各种水鸟，尤其是冬季的越冬水鸟。湿地景观游主要是游览丰水期和枯水期黄盖湖湿地不同的景观，欣赏黄盖湖不同季节的自然美景。

第4章 以黄盖湖为例的湿地景观资源及建设

黄盖湖大堤——付家垸段（摄于2022年）

鸭棚口河与黄盖湖大堤——铁山咀段（摄于2022年）

第4章 以黄盖湖为例的湿地景观资源及建设

鸭棚口河草滩（摄于2022年）

黄盖湖镇群英闸（摄于2022年）

第 4 章 以黄盖湖为例的湿地景观资源及建设

铁山咀排水闸及电排闸

黄盖湖出水口连接赤壁长江大桥处

第 4 章　以黄盖湖为例的湿地景观资源及建设

余家桥乡鞍咀村黄盖湖边的吴王古庙（引自"黄盖之家"，摄于 2022 年 9 月）

赤壁市 2022 年世界湿地日"珍爱湿地·人与自然和谐共生"宣传活动（摄于 2022 年 1 月）

第 4 章　以黄盖湖为例的湿地景观资源及建设

黄盖湖岸线徒步游主要由微信公众号组织的黄盖湖岸线及周边村庄的徒步旅游活动。黄盖之家网站（网址：http://www.huanggai.com.cn，以下简称黄盖之家），是在工信部及公安部备案注册的正规网站，黄盖之家组织黄盖湖文化爱好者深度挖掘黄盖湖周边的历史文化资源，并分门别类地发布在黄盖之家网站及在微信公众号上分享。

4.3　黄盖湖湿地文化资源

4.3.1　黄盖湖与三国文化

黄盖湖有着悠久灿烂的三国文化历史。在湘鄂两省交界的区域里，自古就有长江水系和众多湖泊组成的万顷泽国。因长江水流自西向东顺势迂曲而下，其上游八百里洞庭湖水系，因岳阳古城楼和范仲淹的《岳阳楼记》，使得岳阳古城千古闻名；其下游因三国火烧赤壁古战场和苏轼的《念奴娇·赤壁怀古》，也使赤壁城名垂千古。

而处在两座城池千古齐名万古共水的湖泊——黄盖湖，却因黄盖屯兵操练水师，上演火烧曹军以少胜多的经典战事，而铸就了千古计谋"苦肉计""火攻计""诈降计"和歇后语"周瑜打黄盖——一个愿打一个愿挨"的故事，永载中华民族智谋史册。赤壁之战，更是永恒的经典故事，它在中国军事史上有着独有的地位，其衍生出的赤壁文化，影响了中国一千八百余年，还将继续流芳于未来。

黄盖湖水系发达，类似现在的高速公路网，纵深是天然的军港，特别是土城的发现，说明黄盖湖是三国赤壁之战时军事物资的储存基地，黄盖湖出江口广大的冲积平原及对面乌林的历史遗迹告诉我们，黄盖指挥战船冲击曹营的出征地很有可能就是黄盖湖。

黄盖湖名字的由来：黄盖湖昔时水域辽阔，与古战场赤壁山犄角紧邻，南纳马蹄湖水，西纳横河口水，西南纳周郎湖、沧湖、松柏湖诸水，纵横百余里。其湖名之所以叫黄盖，据《大明一统志》《湖北通志》《岳州府志》《蒲圻县志》记载："赤壁战时，黄盖驻练水兵于此，战后孙公论功行赏，以此湖赐黄盖，故名。"

第4章 以黄盖湖为例的湿地景观资源及建设

《巴陵县志》《华容县志》《临湘县志》也记载:"赤壁战时,黄盖屯兵于此,故名。"黄盖屯兵训练水师于黄盖湖,献苦肉计于黄盖湖,献诈降策于黄盖湖,率艨艟斗舰出击、火烧乌林也出自于黄盖湖;战后孙权以此湖赐予黄盖,给黄盖修建武中郎将府邸于黄盖湖;还有周瑜阅兵于黄盖湖,鲁肃司鼓于黄盖湖,阚泽草降书于黄盖湖,潘璋疏河道于黄盖湖。这一切的一切使得黄盖湖作为赤壁古战场的重要组成部分,留下了许多遗址、遗迹。我们可以毫不夸张地说,没有黄盖湖,就没有赤壁古战场。

黄盖将军履历:黄盖,生卒年不详,三国东吴将领,字公覆,零陵(今湖南零陵)人。初为郡吏,举孝廉,从孙坚起兵,为别部司马。孙坚去世,继策、孙权兄弟,曾多次征讨山越,连任春谷长、寻阳令、历宰九县,迁丹阳都尉。东汉建安十三年(公元208年)随周瑜、鲁肃等拒曹军于赤壁,建策火攻,大破曹军,升任武锋中郎将。后吴国领地长沙郡益阳屡遭山贼攻打,孙权加封其为偏将军,前去讨伐,出征途中,急病而逝。黄盖的一生,最辉煌的业绩要数赤壁之战所建立的不朽功勋,这些在中华民族的正野史中均有充分记载。

《资治通鉴·汉纪五十七》载:"进,与操遇于赤壁。时操军众已有疾疫,初一交战,操军不利,引次江北。瑜等在南岸,瑜部将黄盖曰:'今寇众我寡,难与持久。操军方连船舰,首尾相接,可烧而走也。'乃取艨艟斗舰十艘,载燥荻、枯柴、灌油其中,裹以帷幕,上建旌旗,预备走舸,系于其尾。先以书遗操,诈云欲降。时东南风急,盖以十舰最著前,中江举帆。余船以次俱进。操军吏士皆出营立观,指言盖降。去北军二里余,同时发火,火烈风猛,船往如箭,烧尽北船,延及岸上营落。顷之,烟炎张天,人马烧溺死者甚众。瑜等率轻锐继其后,雷鼓大震,北军大坏。"

《三国志·吴志·黄盖传》载:"建安中,随周瑜拒曹公于赤壁,建策火攻,语在瑜传,拜武锋中郎将。"《江表传》载:"至战日,盖先取轻利舰十舫,载燥荻枯柴积其中,灌以鱼膏,赤幔覆之,建旌旗龙幡于舰上。时东南风急,因以十舰最著前,中江举帆,盖举火白诸校,使众兵齐声大叫曰:'降焉!'操军人皆出营立观。去北军二里余,同时发火,火烈风猛,往船如箭,飞埃绝烂,烧尽北船,延及岸边营柴。瑜等率轻锐寻继其后,擂鼓大进,北军大坏,曹公退走。"《吴书》记载说:"赤壁

第4章 以黄盖湖为例的湿地景观资源及建设

之役,盖为流矢所中,时寒堕水,为吴军人所得,不知其盖也,置厕床中,盖自强以一声呼韩当,当闻之,曰:'此公覆声也'。向之垂涕,解易其衣,遂以得生。"黄盖一生辅佐孙氏三世"擐甲周旋,蹈刃屠城(《三国志·吴志·黄盖传》)",以上记述,即黄盖在赤壁之战所建功业。

古典小说《三国演义》就黄盖赤壁之战中所建战功,也作了大量描述,传下来诸如"苦肉计""诈降策""火烧乌林"等十分精彩的故事,千百年来产生了深远的影响,黄盖因之受到世代景仰。中国军事史将他列为古代名将,《辞源》《辞海》《中国历代名人辞典》等书,均将他列为中华名人,所以说黄盖是位家喻户晓、妇孺皆知的千古智慧名人。

此外,还有大量与黄盖同时期的将领,诸如吕蒙、丁奉、吕岱、吕侯等,他们的传说和遗迹可供后人凭吊。这些流传千古的佳话给黄盖湖增添了无尽的传奇色彩,黄盖湖留下的这些名胜古迹和人文景观可供后人览古追思,这也是千古遗迹黄盖湖的魅力所在。

周瑜责打黄盖雕塑,位于赤壁镇周郎咀(引自"黄盖之家")

4.3.2　黄盖湖周边地名与三国文化

黄盖湖因其三国古战场中确立的历史文化地位，是无可替代的。这些我们可以从流传至今的民间口头说唱、历史文物、文献传书资料、遗址痕迹中找寻到影子。如黄盖水寨、铺棋咀、阚泽咀、司鼓台、点将台、黄盖府、黄盖庙、黄盖墓等。

黄盖水寨，唐人杜佑曰："走舸：舷上立女墙，置棹夫多，战卒少，皆选勇力精锐者，往返如飞鸥，乘人之所不及，金鼓、旗帜，列之于上，此战船也。"足见是正规水军训练基地。

黄盖府：据《蒲圻县志》载，赤壁之战后，权论赤壁战功，赐湖给黄盖，下旨替他盖府邸于此。

黄盖墓：据《三国志·吴书》记载，"盖当官决断，事无留滞，国人思之。及权践阼，追论其功"；权令"图画盖形，四时祠祭"；"黄盖卒于官"，即说他是担任官职时去世，去世后归葬于黄盖湖。

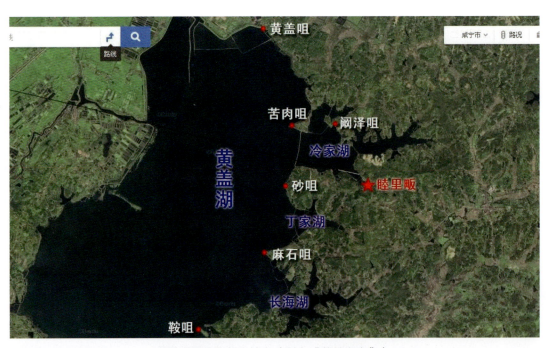

黄盖湖周边部分小地名（引自"黄盖之家"）

第 4 章 以黄盖湖为例的湿地景观资源及建设

长海湖白鹭群（引自"黄盖之家"，摄于 2022 年 9 月）

丁家湖风光（引自"黄盖之家"，摄于 2022 年 9 月）

第4章 以黄盖湖为例的湿地景观资源及建设

冷家湖风光（引自"黄盖之家"，摄于2022年9月）

现如今，黄盖湖周边的许多地名还有着悠久的三国文化故事背景。

司鼓台：紧靠黄盖湖的东港湖汊边，陆逊港绕台下，相传黄盖司鼓练兵于此。

铺棋咀：据《蒲圻地名志》载，相传是黄盖、周瑜下棋定下"苦肉计"的地方。

铺棋咀风光（引自"黄盖之家"，摄于2022年5月）

第4章 以黄盖湖为例的湿地景观资源及建设

罐咀：村居地名，位于余家桥乡鞍咀村。相传明初有方姓之人驾船停泊于此，将撑竿插在船边后，到岸边饭铺吃饭，吃完饭回到船上，只见撑竿上长出了嫩绿的竹叶，他认为这是块风水宝地，于是埋了个罐子于此作纪念。老母亡故后，他便将老母安葬于此，后生了一个儿子，取名方逢时，中嘉靖进士，官至兵部尚书。

罐咀草滩（引自"黄盖之家"）

罐咀方氏宗祠（引自"黄盖之家"）

第4章 以黄盖湖为例的湿地景观资源及建设

鞍咀：黄盖湖畔的一个小岛。这个鞍咀小岛有故事，多年前咸宁考古普查时在这个小岛上发现了春秋遗址，目前数十件文物保存在咸宁博物馆，考古发现证明鞍咀这个地方在 2500 年前就有人类生活，更不可思议的是在百度地图里，鞍咀附近还有新石器遗址的标注，这表明可能近万年前鞍咀这里也有人类生活。相传，三国时周瑜到黄盖湖来视察黄盖操练水军及鲁肃修筑土城的情况，路过这个地方发现风景秀美，岛上草木旺盛。于是下马，卸下马鞍，让战马于小岛尽头的草坪上尽情吃草。后人把这个伸入湖心的小岛的尖角处叫作卸鞍咀，这个半岛及附近区域叫做鞍咀，后来人们为了方便，就把这个"鞍咀"写作"安咀"，把这里的村庄叫作安咀村。

麻石咀：位于黄盖湖的两个湖汊丁家湖和长海湖之间，是一座伸入黄盖湖的山咀，被黄盖湖水冲刷成只剩下各种形状的麻石，故称为麻石咀。

鞍咀风光（引自"黄盖之家"，摄于 2022 年 9 月）

第 4 章　以黄盖湖为例的湿地景观资源及建设

鞍咀黄金垸风光（引自"黄盖之家"，摄于 2022 年 9 月）

麻石咀风光（引自"黄盖之家"，摄于 2022 年 9 月）

第 4 章　以黄盖湖为例的湿地景观资源及建设

砂咀：伸入黄盖湖的一个山咀，被黄盖湖湖水冲刷后只剩下满地的砂子，大小都有，因此人们称这里为砂咀。

砂咀风光（引自"黄盖之家"，摄于 2022 年 9 月）

睦里畈：位于黄盖湖的一个湖汊深处，这个湖汊连接冷家湖再通黄盖湖，是一个天然的港湾。这里是"余家桥八景"之一的"睦里晴渡"，后被日本侵略者烧毁。新中国成立前，睦里畈是黄盖湖边的繁华集镇，位于赤壁市西南余家桥镇的黄盖湖边，水运条件十分优越，农商货物行运新堤、武汉。夏季常有小货轮运送布匹、油、盐等物资到下街口，返运麻捆、粮食、油竹、木加工品等产品去外地。曾经靠山面湖的睦里畈集市，却被日本侵略者烧毁，现在只剩下几处残存的旧房，漫山遍野的高大树木均被盗伐殆尽。直到现在靠近黄盖湖边的余家桥山坡上种植的树木都难以成林，始终无法恢复到生态原貌。

阚泽咀：位于黄盖湖东南岸，相传黄盖起草诈降书于此。黄盖湖是赤壁之战时东吴的一个军事基地，参与赤壁之战的主要将领都会在这个军事基地里工作与生活。位于余家桥乡大岭村的黄盖湖畔有一个山岭伸入到湖中，其三面环绕湖水，地理位置及风景极好，相传三国时东吴阚泽在这里居住生活，后来人们就把这个伸入湖中

第 4 章　以黄盖湖为例的湿地景观资源及建设

的山咀称为阚泽咀。三国时的阚泽在这里为黄盖写下了著名的诈降书,让曹操中了"诈降计"。

睦里畈古集市遗址旁老房子（引自"黄盖之家"，摄于 2022 年 10 月）

阚泽咀风光（引自"黄盖之家"，摄于 2022 年 4 月）

第 4 章　以黄盖湖为例的湿地景观资源及建设

苦肉咀：相传是"周瑜打黄盖——一个愿打一个愿挨"的苦肉计上演的地方，黄盖苦肉计纪念碑就位于余家桥乡黄盖湖边的苦肉咀。

黄盖苦肉计纪念碑（引自"黄盖之家"）

黄盖三仙观（引自"黄盖之家"）

第4章 以黄盖湖为例的湿地景观资源及建设

黄盖咀：位于余家桥镇，相传是黄盖在黄盖湖操练水军时的指挥部。这里的风景一年四季都不一样，位于黄盖咀的村庄也是祥和而安宁。

黄盖咀风光（引自"黄盖之家"，摄于2022年5月）

黄盖咀村庄（引自"黄盖之家"，摄于2022年9月）

4.3.3 黄盖湖与当地特色文化

黄盖湖的当地特色文化和历史与黄盖湖农场的建设发展密不可分。1958年10月15日，为根治血吸虫病，蒲圻（今赤壁）与临湘协商合建的黄盖湖围垦工程开工，两县人民经过半年奋战，沿江修建大堤5.4千米。1959年4月，建成群英跃进排水闸一座，使黄盖湖与长江隔离，为抵御长江洪水、消灭钉螺和开发扩大耕地面积奠定了基础。

中华人民共和国成立之初，在苏联的帮助下，全国建有三大农场，即五三农场（现湖北）、军垦农场（现新疆生产建设兵团）、友谊农场（现黑龙江）。20世纪50年代末，一些地域广阔、条件相当艰苦的地方，纷纷创建国营农场。1959年10月1日，经湖北省农垦厅批准成立"湖北省国营黄盖湖农场"，10月22日，王金礼任黄盖湖农场党委书记。12月，北大荒农场派12名垦荒队员带3台链轨车来到农场。从此，黄盖湖拉开了"盖棚筑堤、艰苦围垦"的序幕。

在热火朝天的农垦建设初期，这里开展了一次又一次劳动竞赛。筑堤、开渠、垦荒、修路、植树造林、发展生产……"国营农场"的金字招牌，让人们憧憬着美好的未来。黄盖湖农场经济的飞速发展，展示了其突出的带头、示范和辐射作用，使农场多次成为湖北省农垦战线上的先进典型。

黄盖湖片区，有芦苇高地，也有低洼草地。1959年10月，蒲圻县委从全县抽调7000余名劳力，自带耕牛、农具到农场开荒，住临时茅草屋。两个月后，茅草屋被一场大风刮倒，支援民工回原地。1500名农场工人，住茅棚，睡地铺，吃粗粮野菜，苦熬了8年。从1967年，人们开始建设低矮的砖瓦屋，直到1976年，茅草屋不见了。不少干部职工在垦殖期间患上了血吸虫病和风湿病。

黄盖湖大堤屡建屡溃，发现过多次险情，最严重的一次是1973年6月28日小群英闸八字墙崩溃，时任农场党委书记贺勤修在回忆录《樵子人生》中记载："本次水灾淹没耕地14700亩，占耕地的93%，房屋倒塌88栋，农场职工流离失所，无处安身，看着这情景，我好寒心啊。"1960年，农场组织劳力，从黄盖咀至倒口，筑堤一道，长2.5千米。1962年进行加培，堤顶加高至29.2米。1964年，堤线延长至新沟。1973年，

第4章 以黄盖湖为例的湿地景观资源及建设

由县组织扩建，调小柏劳力 2000 人，黄盖湖农场劳力 700 人，大堤从鸭棚口河延伸至铁山咀，筑成 9.66 千米黄盖湖大堤。黄盖湖大堤，屡溃屡建，一直没有间断过加培。泥土护坡、石块护坡、水泥护坡，经历了一个漫长的修筑巩固过程，饱含黄盖湖人民的心血和汗水，经历过无数次 29.5 米以上高水位的考验。

黄盖湖农场职工来自 16 个省 106 个县，他们离家几百乃至几千公里，农忙忙生产，农闲忙护堤。黄盖湖的农耕条件也一步一步得到改善，到 20 世纪 80 年代中期，农业机械化、农业种植模式优化，黄盖湖农场成为赤壁（原蒲圻）示范基地。农场自有粮油棉加工厂、砖瓦厂、农机修理厂、拉杆厂等企业。1983 年，创建国营黄盖湖玻璃钢厂。

2004 年，按照国务院关于《国营农场改革的决定》，开始了农场改农村、农工变农民、国企变民营的国有农场改革。经过近 3 年的艰苦努力，农场全面实现了"两田制"（责任田、经营田），农场 15 家大小国有企业全部转民营。2007 年 11 月，湖北省人民政府批准成立黄盖湖镇人民政府，总人口 1.2 万，总面积 39638.25 亩，其中农用面积 26360.58 亩，辖黄盖咀村、大湾村、老河村、铁山村、付家垸村、黄盖社区。改革时，农场主要领导顶住压力，为从五湖四海前来黄盖湖承包经营耕地的农民购买社保，解除了他们的后顾之忧。

4.4　黄盖湖湿地公园建设

4.4.1　黄盖湖湿地公园规划面积

目前，湖北省黄盖湖湿地暂无正式机构，暂由赤壁市陆水湖国家湿地公园管理处在该湿地内开展了一些监测、管护工作，履行了湿地资源保护管理的相关职能，湿地保护管理经费全部由财政负担。

湖北省黄盖湖湿地拟建设成为省级和国家级湿地公园，初步建设规划如下：湿地公园规划总面积 36.72 平方千米。黄盖湖湿地公园由黄盖湖湿地和其他地类两部分组成。其中，黄盖湖湿地总面积为 35.92 平方千米，湿地类型由以下四部分组成，即永久性淡水湖类湖泊湿地 31.52 平方千米、农用池塘类人工湿地 2.16 平方千米、永久性河流类河流湿地 0.59 平方千米、水田和稻田类人工湿地 1.65 平方千米;除湿地外,其他地类主要是林地和建筑地,二者合计 1.14 平方千米,即 1710 亩。

黄盖湖湿地公园湿地资源丰富,类型多样。根据《全国湿地资源调查技术规程(试行)》的分类系统和湖北省第二次湿地资源调查,规划区内的湿地可分为湖泊湿地、河流湿地、人工湿地三大类,永久性淡水湖、灌丛沼泽、草本沼泽、输水河四小型,并以河流湿地为主、人工及沼泽湿地为辅。

黄盖湖湿地公园的湿地类型、面积与分布详见表 4-1。

表 4-1　黄盖湖湿地公园的湿地类型、面积与分布

湿地类型				面积/平方千米	占黄盖湖湿地面积的比例	占黄盖湖湿地公园面积的比例
代码	湿地类	代码	湿地型			
Ⅱ	河流湿地	Ⅱ 1	永久性河流	0.59	1.64%	1.59%
Ⅲ	湖泊湿地	Ⅲ 1	永久性淡水湖	31.52	87.75%	85.05%
Ⅴ	人工湿地	Ⅴ 3	农用池塘	2.16	6.01%	5.83%
		Ⅴ 4	水田/稻田	1.65	4.59%	4.45%
合计				35.92	100%	96.92%

在湖泊湿地类型中,黄盖湖湿地的湖泊面积为 31.52 平方千米,占湿地面积的 87.75%;河流湿地 0.59 平方千米,占湿地面积的 1.64%。

湿地公园内还分布着大量的人工湿地,人工湿地总面积为 3.81 平方千米,其中农用池塘 2.16 平方千米,占黄盖湖湿地面积的 6.01%,水田和稻田面积为 1.65 平方千米,占黄盖湖湿地面积的 4.59%,散布于黄盖湖湿地公园东岸与东港湖。

黄盖湖湿地公园内的湿地以湖泊湿地为主,水稻田、池塘等人工湿地等其他类型湿地面积相对较小,黄盖湖湿地公园规划面积统计表见表 4-2。

表 4-2 黄盖湖湿地公园规划面积统计表

村	面积/亩	功能区	面积/亩	地类	面积/亩
丛林村	19428.89	保育区	16373.26	湖泊水面	16373.26
		恢复重建区	2963.93	湖泊水面	2498.02
				内陆滩涂	450.57
				水工建筑用地	15.34
		合理利用区	91.7	湖泊水面	22.92
				内陆滩涂	68.78
安嘴村	21184.48	合理利用区	1678.38	沟渠	184.34
				灌木林地	5.76
				湖泊水面	968.80
				坑塘水面	15.05
				内陆滩涂	164.80
				其他林地	6.01
				水工建筑用地	12.62
				水田	321.00
		恢复重建区	3706.88	河流水面	701.98
				湖泊水面	2335.79
				内陆滩涂	412.75
				设施农用地	0.36
				水工建筑用地	256.00
		核心保育区	15799.22	沟渠	61.30
				湖泊水面	12636.53
				坑塘水面	2983.58
				内陆滩涂	0.02
				设施农用地	1.52
				水田	116.27

续表

村	面积/亩	功能区	面积/亩	地类	面积/亩
大岭村	12745.08	核心保育区	10385.19	湖泊水面	10217.80
				内陆滩涂	141.36
				河流水面	26.03
		恢复重建区	1408.08	湖泊水面	769.48
				内陆滩涂	594.82
				河流水面	27.76
				其他林地	1.17
				水工建筑用地	14.85
		合理利用区	951.81	湖泊水面	428.43
				坑塘水面	184.39
				乔木林地	70.08
				其他林地	42.68
				旱地	55.35
				水田	65.44
				水工建筑用地	5.90
				内陆滩涂	98.37
				特殊用地	1.17
黄盖湖农场	2084.36	恢复重建区	494.85	河流水面	86.96
				湖泊水面	359.41
				内陆滩涂	48.48
		核心保育区	1589.51	河流水面	3.01
				湖泊水面	1538.46
				内陆滩涂	48.04
月星山村	141.56	恢复重建区	84.66	河流水面	44.29
				水工建筑用地	40.37

续表

村	面积/亩	功能区	面积/亩	地类	面积/亩
		核心保育区	56.9	沟渠	0.01
				坑塘水面	55.75
				水田	1.14
共计		55584.37			

4.4.2 黄盖湖湿地公园功能区划分

黄盖湖湿地公园规划总面积为 36.72 平方千米，范围共涉及余家桥乡 4 个村和黄盖湖农场，其中余家桥乡 35.33 平方千米、黄盖湖农场 1.39 平方千米。根据省级湿地公园规划的要求，划分为三个功能区，即核心保育区，恢复重建区、合理利用区。三个功能区面积分别为：核心保育区 27.44 平方千米，占比为 74.73%；恢复重建区 6.58 平方千米，占比为 17.92%；合理利用区 2.70 平方千米，占比为 7.35%。

核心保育区主要是黄盖湖主湖面水域及东港湖中心鸟岛。主湖外的湖汊及东港湖鸟岛外围的荷塘规划为恢复重建。考虑湿地公园今后生态观光的需要，合理利用区规划为五处：第一处位于东港湖靠山一片农田和耕地，今后用于建鸟类观测站和作为科研宣教基地。第二、三处位于安嘴村，规划建管护站、巡护码头和水上项目。第四处位于丛林村，这里有万亩果园，规划建乡村体验基地；第五处在大岭村，规划建"三国文化城"。

黄盖湖湿地公园规划指导思想：以"保护优先、科学修复、合理利用、持续发展"为原则，在保护湿地功能、湿地生物多样性、人文景观资源，提高生态环境质量的基础上，科学把握生态保护与利用之间的尺度，最大限度发挥湿地蓄洪、行洪，以及维护生物多样性、净化水质、调节气候、科学研究、科普教育和观光休闲等方面服务功能，最大限度保留原生湿地和自然风貌，充分挖掘、展示、利用湿地景观和人文景观，使湿地公园成为公众认识湿地、了解湿地、领略自然风光、提高公众生态保护意识的教育基地，通过赤壁黄盖湖湿地公园的建设，促进社会、经济和环境的可持续发展，

第 4 章　以黄盖湖为例的湿地景观资源及建设

黄盖湖湿地公园总体规划功能分区图

实现人与自然的和谐发展。

4.4.3 湿地公园定位与建设目标

湖北省黄盖湖湿地公园的性质定位：根据黄盖湖湿地公园的生态环境、资源特点、区位条件及相关规划情况，确定其性质为，以保护湖泊湿地、河流湿地、沼泽湿地、库塘湿地多种湿地生态系统为首要目标，以提高湿地公园水质净化能力，保护本地湿地植物群落，防止有害生物入侵，优化水禽栖息地生境，丰富生物多样性为主要目的，以普及湿地知识、宣传湿地知识为重要任务，合理利用湿地资源开展生态旅游、传播"三国"文化和国际茶道文化，建成以"护鸟、观鸟、爱鸟"为主题，富有长江中游地区特色的湿地公园。

建设目标：通过黄盖湖进行保护和保育，构建良好、自然和稳定的湖泊生态系统，恢复和构建好黄盖湖湿地野生动植物栖息地和湿地生态系统，以越冬候鸟为中心，扩大候鸟栖息地，构建越冬候鸟第二故乡，打造优美的湖泊景观。保护黄盖湖水质，使湖泊生态系统良性循环，建立湿地管理体系，完成能力建设和宣教体系建设，提高湖滨带的生态服务功能，形成相对完整的生态结构，从而促进当地社会经济和谐稳定发展，推动湖北省乃至全国湿地的保护与建设。

具体目标：

（1）打造长江中游地区湖泊湿地保护的示范点。

（2）建成湖北省最重要的鸟类保护区之一，乃至全国最美鸟类保护区。

（3）建成湖北省重要生物多样性富集区，乃至国家级候鸟重要保护栖息地和生物物种基因库。

（4）建成咸宁市爱鸟护鸟协会的活动中心与科研基地，以及湖北省爱鸟护鸟者的观鸟基地。

（5）建成近郊区湖泊湿地保护与利用相结合的示范点。

（6）最终将黄盖湖湿地公园建成整体形象突出、湿地保护成效显著、功能作用发挥充分、基础设施完备、科普宣教与生态体验兼具，具有湖泊湿地特色的湖北省湿地公园的观光首选之地。

最终目标：通过打造好"两个基础"（候鸟栖息地、湿地自然景观），挖掘"一湖文化"（黄盖湖三国文化），依托"两个支撑点"（赤壁古战场、赵李桥万亩茶园），构筑赤壁生态经济新的发展平台。